U0398612

国家科学思想库

科学文化系列

科学与中国

十年辉煌　光耀神州

生物与海洋科学技术集

白春礼　主编

图书在版编目(CIP)数据

科学与中国:十年辉煌 光耀神州(10集)/白春礼主编 —北京:北京大学出版社,2012.10

ISBN 978-7-301-21103-8

I. 科… II. 白… III. ① 科技发展-成就-中国 ② 技术革新-成就-中国 IV. ① N12 ② F124.3

中国版本图书馆CIP数据核字(2012)第189567号

书　　名:科学与中国——十年辉煌 光耀神州(10集)
著作责任者:白春礼　主编
丛 书 策 划:周雁翎
丛 书 主 持:陈　静
责 任 编 辑:陈　静　李淑方　于　娜　郭　莉
　　　　　　邹艳霞　刘　军　唐知涵　周雁翎
标 准 书 号:ISBN 978-7-301-21103-8/G·3485
出 版 发 行:北京大学出版社　　新浪官方微博:@北京大学出版社
地　　址:北京市海淀区成府路205号　100871
网　　址:http://cbs.pku.edu.cn
电　　话:邮购部 62752015　发行部 62750672
　　　　　编辑部 62767857　出版部 62754962
电 子 信 箱:zyl@pup.pku.edu.cn
印　刷　者:北京中科印刷有限公司
经　销　者:新华书店
　　　　　650毫米×980毫米　16开本　200印张　1690千字
　　　　　2012年10月第1版　2013年5月第2次印刷
定　　价:860.00元(10集)

编委会名单

序 言

十年前，由中国科学院牵头策划，并联合中共中央宣传部、教育部、科学技术部、中国工程院和中国科学技术协会共同主办的“科学与中国”院士专家巡讲活动拉开了帷幕。这项活动历经十载，作为我国的一项高端科普品牌活动，得到了广大院士和专家的积极响应，以及社会公众的广泛支持和热烈欢迎。十年来，巡讲团举办科普报告800余场，涉及科技发展历史回顾、科技前沿热点探讨、科学伦理道德建设、科技促进经济发展、科技推动社会进步等五个方面，取得了良好的社会反响，在弘扬科学精神、普及科学知识、传播科学思想、倡导科学方法等方面作出了突出的贡献。

“科学与中国”院士专家巡讲团由一大批著名科学家组成，阵容强大，演讲内容除涉及自然科学领域外，还触及科学与经济、社会发展等人文领域，重点针对“气候与环境”、“战略性新兴产业”、“科学伦理道德”、“振兴老工业基地”、“疾病传染与保健”等社会关注的焦点问题和世界科技热点，精心安排全国各地的主题巡讲活动。同时，该活动还结合学部咨询研究和地方科技服务等工作开展调查研究，扩大巡讲实效。近年来，巡讲团针对不同人群的需要，创新开展活动的组织形式，分别在科技馆和党校开辟了面向社会公众和公务员的“科学讲坛”科普阵地，举办了资深院士与中小学生“面对面”对话交流活动。这些活动的实施在激励青少年学生成长成才和献身科学事业、培养广大领导干部科学思维与科学决策、引导社会公众全面正确认识科学技术等方面都起到了积极作用。如今，“科学与中国”院士专家巡讲活动已经成为我国高层次的科学文化传播活动，是科学家与公众的交流桥梁，是科学真谛与求知欲望紧密联结的纽带，是传播科学的火种。

科技创新，关键在人才，基础在教育。进入21世纪以来，世界科技发展势头更加迅猛，不断孕育出新的重大突破，为人类社会的发展勾勒出新的前景，世界政治、经济和安全格局正在发生重大变化。随着人类文明在全球化、信息化方面的进一步发展，国家间综合国力的竞争聚焦于科技创新和科技制高点的竞争，竞争的重点在人才，基础在教育。胡锦涛同志在2006年全国科学技术大会上曾经指出，要“创造良好环境，培养造就富有创新精神的人才队伍”。是否能源源不断地培养出大批高素质拔尖创新人才，直接关系到我国科技事业的前途和国家、民族的命运。由于历史的原因，作为一个人口大国，我国公众整体科学素养水平相对较低，此外，由于经济、社会发展不均衡，公众科学素养存在很大的城乡差别、地区差别、职业差别。所以，我国的科普工作作为公众科学教育的重要环节，面临着更加复杂的环境。中国科学院应当充分发挥自身的资源优势，动员和组织广大院士和科技专家以多种形式宣传科技知识，传播科学理念，积极开展科普活动，把传播知识放在与转移技术同样重要的位置，为培育高素质创新人才创造良好的环境条件并作出应有的贡献。

中国科学院学部联合社会力量共同开展高端科普工作的积极意义，不仅在于让公众了解自然科学知识，更在于提高公众对前沿科技的把握，特别是加深其对科学研究本身的思想、方法、精神、价值、准则的理解，这是对大中小学课程和社会公众再教育的重要补充。只有让公众理解科学，才能聚集宏大的人才队伍投身于科技创新事业，才能迸发持续不断的创新源泉，凝结为创新成果。

我们向社会公开出版院士专家的演讲报告文集，希望读者能够通过仔细阅读，深度体会科学家们的科学思想和科学方法，感受质疑、批判等科学精神和科学态度，理解科技的道德和伦理准则，把握先进文化和人类文明的发展方向，并在实际工作和社会生活中切实加以体会和运用。这也是中国科学院学部科学引导公众、支撑国家科学发展的职责之所在。

是为序。

2012年春

目 录

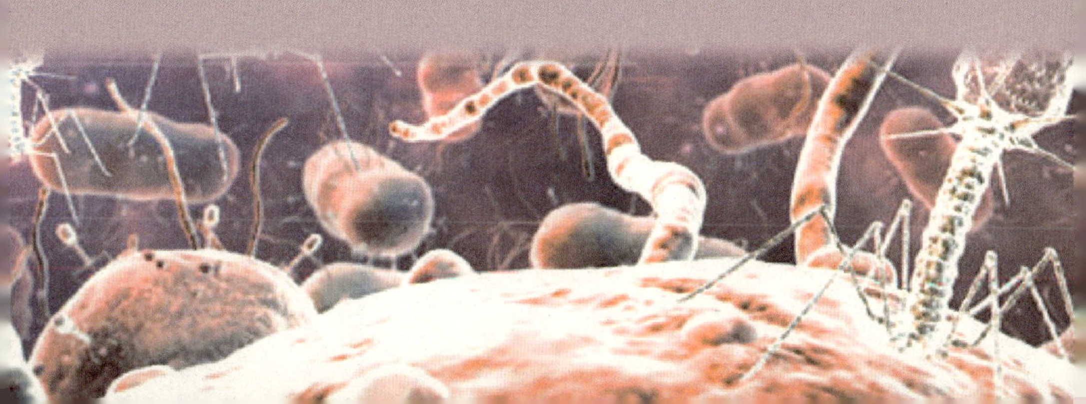

中国的生命科学与生物技术

陈　竺

一、生命科学的地位和影响

二、中国的生命科学和生物技术及其研究状况

三、中国在生命科学和生物技术研究领域所面临的挑战及对策

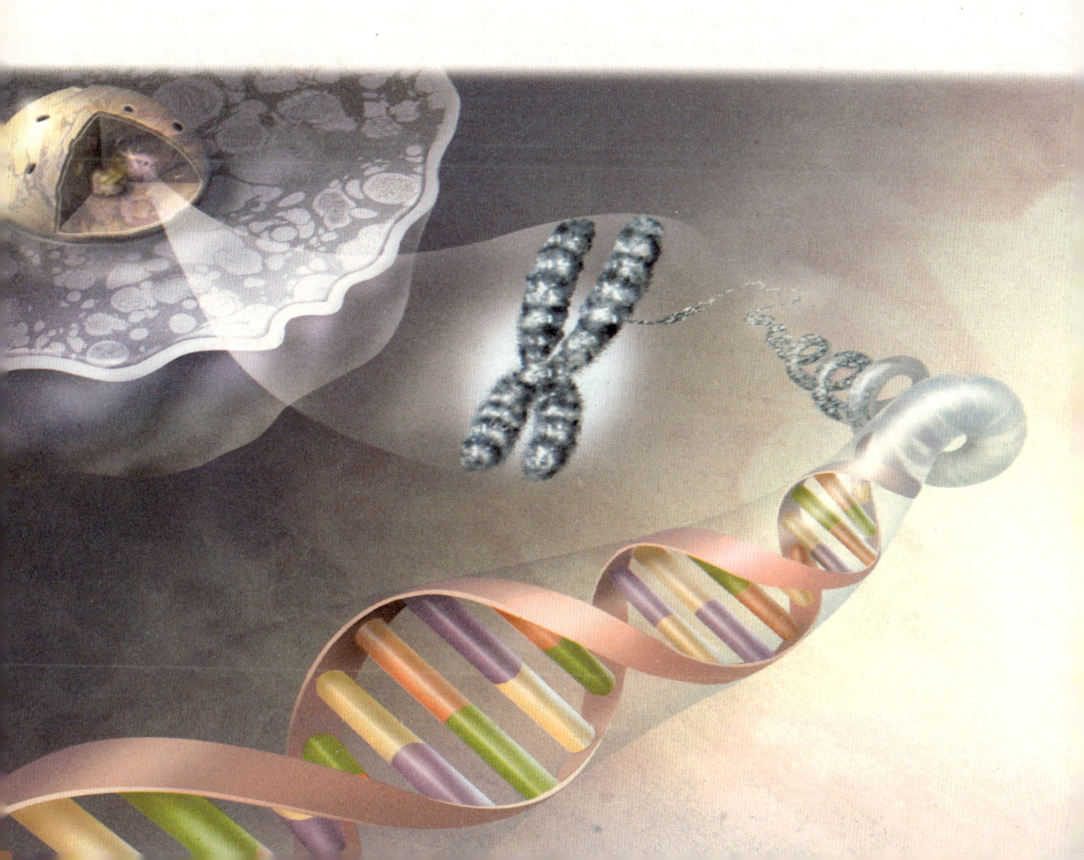

【作者简介】陈竺，中国科学院院士，美国科学院外籍院士，法国科学院外籍院士，欧洲艺术、科学和人文学院院士，第三世界科学院院士，上海交通大学医学院附属瑞金医院终身教授。

1953年生于上海，1981年获上海第二医科大学硕士学位，1989年获法国巴黎第七大学博士学位。历任中国科学院副院长，国际科学院协作组织联合主席，上海血液学研究所所长，国家人类基因组南方研究中心主任，国务院学位委员会委员，中国科协常务委员，国家“973”计划项目首席科学家，国家“863”

计划生物与现代农业技术领域专家咨询委员会主任，法国巴黎第七大学名誉教授，意大利热那亚大学名誉教授，香港大学名誉教授。

陈竺院士在人类白血病的研究中，对阐明全反式维甲酸（ATRA）和三氧化二砷治疗急性早幼粒细胞白血病（APL）的细胞和分子机制做出了重大贡献，他提出的白血病“靶向治疗”观点，为肿瘤的选择性分化、凋亡治疗开辟了全新的道路，得到国际学术界的高度评价，《自然》（*Nature*）、《科学》（*Science*）、《自然遗传学》（*Nature Genetics*）、《国立癌症研究院杂志》（JNCI）等杂志曾多次予以报道。1994年以来，在继续深入白血病研究的同时，陈竺教授参与我国人类基因组研究计划的运筹、组织和管理工作，建立了初具规模的人类基因组研究技术体系，组建了我国第一个国家级的基因组研究中心—国家人类基因组南方研究中心，领导展开了人类基因组DNA及cDNA的大规模测序和功能基因组研究，取得了多项在国际上产生重要影响的科研成果。他还积极推动成果转化及产业化，在他的指导下，国家人类基因组南方研究中心组建了上海申友生物技术有限公司和南方基因有限公司，并将部分研究成果以技术转让形式产生了一定的经济效益。这方面工作同样得到了《自然、科学》等国际权威期刊的高度评价。

陈竺院士在国际著名刊物如*Nature*、*Science*、*Nature Genetics*、*PNAS*、*EMBOJ*、*J Exp Med*、*JCI*、*Blood*、*Am J Hum Genet*、*Oncogene*、*Leukemia*等以及国内核心刊物发表论文200多篇，据SCI统计被引用约7 000次。获得1993年国家自然科学三等奖、1995年国家科技进步二等奖、1996年何梁何利基金科学技术奖、1997年法国全国抗癌联盟卢瓦兹奖、1998年“求是”基金青年科学家奖、1999年长江学者成就奖一等奖、2001年和2003年国家自然科学二等奖，卫生部、国家教委和上海市科技进步一等奖（1994年、1997年和2002年）等多个奖项。2002年获得法国政府颁发的“法兰西共和国总统骑士荣誉勋章”。2003年当选国际科学院协作组织联合主席。

一、生命科学的地位和影响

这里我给大家显示的是20世纪最后10年（即1992—2001年）国际科学论文产出的学科分布情况（参见图1）。生命科学在整个科学文献中，也可以说是人类自然科学知识产出中占了27.1%，临床医学占了20.9%，两者相加为48%。如果加上农业科学的1.7%和与生命科学密切相关的环境/生态学的2.3%的话，那么实际上已经超过了一半。而化学、物理学等传统的学科分别占11.9%和11.3%，工程占7.2%。可以认为，生命科学已成为当代自然科学的主流，而从系统与整合科学的高度阐明发育、遗传、进化、脑与认知功能、健康与疾病、生物多样性等生命复杂问题，则是整个科学界面临的巨大挑战，是当之无愧的科学前沿。

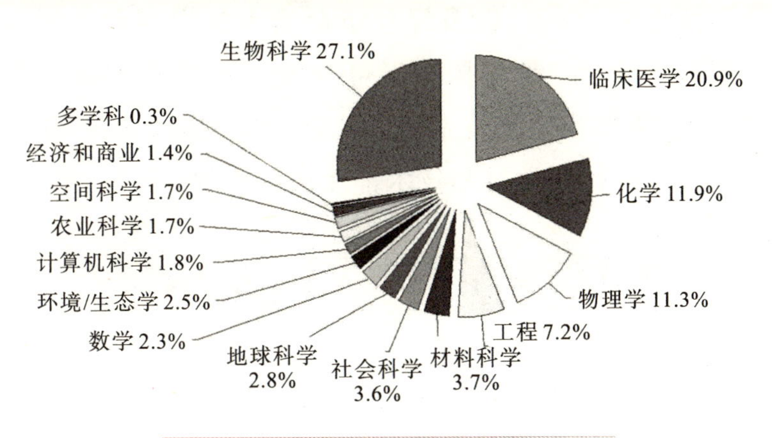

▲图1 国际科学论文产出学科分布图

当然,生命科学的影响同样也会在社会和经济生活的各个层面得到反应。20世纪90年代初有一个统计资料,美国的博士学位获得者当中51%从事生命科学工作。因而,科学家数量的学科分布和上述的知识产出的学科分布实际上是相一致的。在美国的国际前50强的企业中,医疗公司有13家,占26%,它们的利润额达到17.2%,显著高于电子信息业的8.1%和计算机业的7.3%。未来学家奈斯比特访问中国时说过:"Internet只是允许我们更方便地做我们已经做过的事……而基因工程则会改变人类及其进化过程。"这句话说得很大,我想举一个非常简单的事实:1950年我们国家的人均期望寿命值仅35岁,到20世纪结束的时候上升到71岁。在北京、上海等大城市,人均期望寿命值已经接近发达国家的水平。这种进步无疑与生命科学和生物技术所提供的抗生素、疫苗,以及绿色革命为人类生存和发展提供的基本食品、营养是密不可分的。从某种意义上来说,生命科学和生物技术对人类社会发展的影响的深刻程度是任何其他学科和技术都无法比拟的。

二、中国的生命科学和生物技术及其研究状况

谈这个问题就必须考虑国家的基本国情和科学技术应该发挥的作用。中国的基本国情就是一个将近13

亿人口的大国，在疾病的预防和治疗方面面临着巨大的压力。在广大农村地区，发展中国家的疾病仍然是疾病谱的主要表现。而在沿海发达地区，西方国家的“文明病”发生率正在急速上升。一方面我们还要实行计划生育的国策，另一方面中国社会已经开始进入老龄社会了。

我国的农业近年来有了很大的进步，但是效益和质量不高，粮食安全问题仍然是从国家领导人到平民百姓十分关注的大问题。而且现在以牺牲资源和环境为代价的农业发展模式实际上是不能持续的。另一方面，中国又是一个生物资源大国，拥有全球10%的生物遗传资源，包括了微生物、植物、动物以及人类的遗传资源。既有生物多样性保护与可持续利用的压力，也为发展生命科学与生物技术提供了丰富的材料。因此，贯彻科学发展观，推进中国的可持续性发展有赖于生命科学与生物技术的贡献。

中国属于发展中国家这一基本国情也决定了我们科技投入的重点是要解决社会面临的重大需求。因此，强调我国生命科学与生物技术的发展必须将国家目标和科学前沿进行有机结合，强调基础研究和应用开发并重，以支撑当前的社会经济发展，但同时国家也要支持科学家不带功利目的的原创性研究，以引领科学进步和技术创新的未来。另外，中国在生命科学与生物技术方面有着长期的、传统的历史积累。尤其是在医学和农学领域，如我们的传统中医药就是世界医学的瑰宝之一，应不断地加以发掘和提升。

1. 中国的生命科学研究状况

中国近代的生命科学研究是从20世纪初发端的，是与医学、农学以及生物资源的利用紧密联系在一起的。而中国的生物技术研究是在20世纪70年代中期开始起步的，目前由中国科学院、高等院校尤其是研究型高校、行业部门的研究机构如农科院、医科院、军事医学科学院、林科院，以及地方科研机构共同构成了现代生命科学与生物技术的研究体系。国家多年来还一直致力于发展生命科学的重点学科、国家重点实验室和开发关键生物技术的国家工程中心的建设。

中国的生命科学和生物技术研究及开发的支持渠道比较广泛，主要有国家科技部、国家自然科学基金委员会、中国科学院、教育部，以及其他部委、地方政府和相关的企业。应该说，1986年生物技术领域纳入国家"863"高技术发展计划，使中国的生命科学和生物技术的研究尤其是生物技术的研究与开发进入了黄金时期。1998年开始实施的"973"计划也对农业、人口与健康、资源环境等与生命科学相关的领域给予了重点支持。国家自然科学基金委员会生命科学部研究项目的数量以及支持的经费强度已经占到了基金整体的1/3强，中国科学院在生命科学和生物技术中的投入占国家下拨科学院总经费的比例大约为15%。

我想说的是，近年来我们国家在生命科学领域的投入之增长还是非常快的，但是我国毕竟是发展中国家，所以和主要发达国家相比差距仍然非常大。据统计，美国每年由国家投入的生命科学和生物技术领域的总预算大概有300多亿美元。我们知道，美国NIH（美国国立健康研究院）在1999—2004的5年中实现了经费的翻番，2004年达到了283亿美元，日本在这个领域的投入大概每年有40亿美元。那么我们国家呢，粗略地计算大概每年有40亿到50亿人民币，所以只是人家的几十分

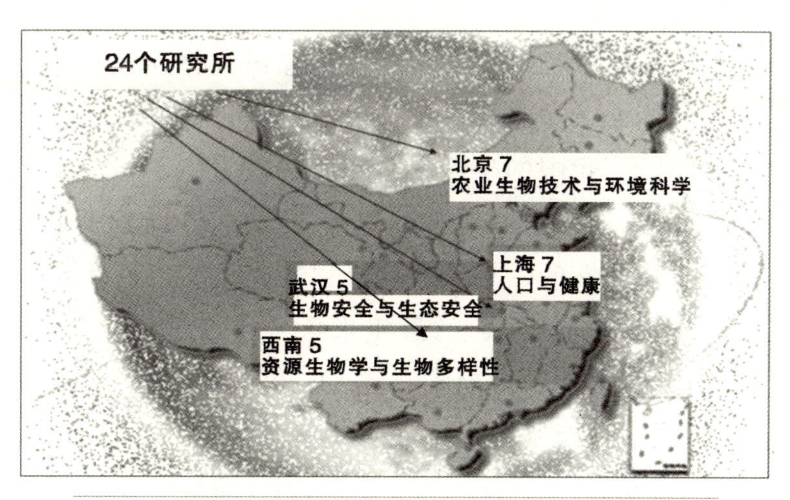

▲图2　中国科学院在生命科学、生物技术方面的24个研究所的分布状况

之一到几分之一。但即便是这样，我国的生命科学界和生物技术界人士还是在奋发地工作。一方面努力创新，另一方面也在不断地进行机制、体制的改革，凝聚科学目标，促进学科的交叉和集成。以中国科学院为例，图2显示的是生命科学、生物技术方面的24个研究所的分布状况，共有6000多名研究人员，根据国家目标与领域前沿相结合这样一个新的要求，在北京、上海、中南和西南形成了四个大的研究基地。北京的7个研究所目前以农业生物技术与环境科学为主要导向，上海生命科学研究院7个研究所以人口与健康为导向，武汉和广州的5个研究所形成了生物安全与生态安全的研发基地，而西南5个研究所以资源生物学与生物多样性研究为主要导向。

当前，我国各部门的研究机构和研究型高校都在进行机制、体制的创新改革，以改善资源配置。在资源有限的情况下，我国的生命科学和生物技术就不可能像西方发达国家那样全面地进行支持，而只能选择若干带有战略性、全局性的领域或方向予以重点支持。在生命科学的基础性研究领域里，近年来科学界经过反复研讨，也在实践当中不断地摸索，确立了这样一些优先发展领域：基因组、功能基因组学和生物信息学；重大疾病相关基因的识别；分子生物学与生物化学；细胞和发育生物学；神经和认知科学；动植物区系的系统演化与协同进化;古生物学等。如果说以基因组学为代表的“组学”的主要任务是揭示生命系统的各种结构成分及其相互作用,那么生物化学与分子生物学、细胞、神经和认知领域的研究主要的任务则是揭示其功能意义。而动植物系统演化与协同进化实际上是生态学和生物多样性保护的核心内容。古生物学在我们国家已经形成了一个被国际学术界高度肯定的科学体系。我想在这里向大家介绍一下在这些领域里近年来取得的一些我个人认为可能是具有代表性的成果。

首先,我国的基因组研究开始走向世界。在国家支持之下,在北京和上海相继建成了四个基因组研究中心。中国科学界承担了人类基因组1%的测序的任务,继美、英、法、日、德后,成为正式参加国际人类基因组测序项目的第六个国家,而且已经很好地完成了这方面的工作。在功能新基因全长cDNA的识别方面,也就是人类基因组计划另外一个重要组成部分的基因识别方面,我们国家为国际公共数据库贡献了800多条功能新基因全长cDNA,同时有一批功能基因正在申请国内外的专利。我国科学家还承担了人类基因组序列单核苷酸多态性,也就是SNP测定当中10%的任务。在人类基因组研究的带动之下,医学相关基因组研究也取得了重大的进展,从而带动了遗传、免疫、生理、生化、病理、微生物、重大疾病防治、中西医结合等方面的研究。比较基因组学的研究，例如我国科学家参与的黑猩猩的基因组学研究，最近也取得了重要的进展。

我想，水稻基因组研究，包括测序和注释，是中国在基因组科学领域取得的一个最具有标志性的成果。2002年4月份*Science*杂志发表了中国科学家关于籼稻的全基因组的框架测序图和基因注释的结果（见图3A）。这个工作揭示籼稻的基因组大概有4.7亿个碱基对，它所含有的基因数量大概在4.6万~5.6万之间。然后事隔不到半年，参加国际粳稻基因组测序的中国科学

▲图3　A：*Science*杂志发表的中国科学家关于籼稻全基因组的框架测序图

B：*Nature*杂志发表的中国科学家关于粳稻第四号染色体的精确测序图

家与日本同行一起在*Nature*上又分别发表了粳稻第四号和第一号染色体的精细序列和注释的结果(见图3B)。中国科学家所承担的第四号染色体的精确测序工作,还第一次完成了它的着丝粒的全序列的测定,这是在高等生物基因组研究中第一次完成的染色体着丝粒的测定。

我国科学家在控制水稻重要性状的功能基因的研究方面,最近也取得了重要的进展。例如控制水稻分蘖、脆秆等重要性状的基因相继被克隆,图4是2003年3月份发表在*Nature*上的水稻分蘖基因的情况。

我国在微生物基因组测序和注释方面也取得了突

Control of tillering in rice

Xueyong Li[*,†], Qian Qian[†,‡], Zhiming Fu[*], Yonghong Wang[*], Guosheng Xiong[*], Dali Zeng[‡], Xiaoqun Wang[*], Xinfang Liu[*], Sheng Teng[‡], Fujimoto Hiroshi[‡], Ming Yuan[§], Da Luo[‖], Bin Han[¶] & Jiayang Li[*]

** Institute of Genetics and Developmental Biology, Chinese Academy of Sciences, Beijing 100101, China*

‡ China National Rice Research Institute, Chinese Academy of Agricultural Sciences, Hangzhou 310006, Zhejiang, China

§ China Agricultural University, Beijing 100094, China

‖ Institute of Plant Physiology and Ecology, Chinese Academy of Sciences, Shanghai 200032, China

¶ National Center for Gene Research, Chinese Academy of Sciences, Shanghai 200233, China

† These authors contributed equally to this work

Tillering in rice (*Oryza sativa* L.) is an important agronomic trait for grain production, and also a model system for the study of branching in monocotyledonous plants. Rice tiller is a specialized grain-bearing branch that is formed on the unelongated basal internode and grows independently of the mother stem (culm) by means of its own adventitious roots[1]. Rice tillering occurs in a two-stage process: the formation of an axillary bud at each leaf axil and its subsequent outgrowth[1]. Although the morphology and histology[2,3] and some mutants of rice tillering[4] have been well described, the molecular mechanism of rice tillering remains to be elucidated. Here we report the isolation and characterization of *MONOCULM 1* (*MOC1*), a gene that is important in the control of rice tillering. The *moc1* mutant plants have only a main culm without any tillers owing to a defect in the formation of tiller buds. *MOC1* encodes a putative GRAS family nuclear protein that is expressed mainly in the axillary buds and functions to initiate axillary buds and to promote their outgrowth.

控制水稻分蘖、脆秆等重要功能基因的克隆

▲图4 中国科学家发表在*Nature*上的水稻分蘖基因的情况

破性的进展，迄今为止，已经完成了包括病源微生物在内的6种微生物的全基因组序列测定和注释，为这些微生物相关的人类疾病研究以及重要生物学性状的研究和开发奠定了基础。图5是2003年在*Nature*上发表一个重要的致病微生物钩端螺旋体的全基因组序列和相应的注释研究。

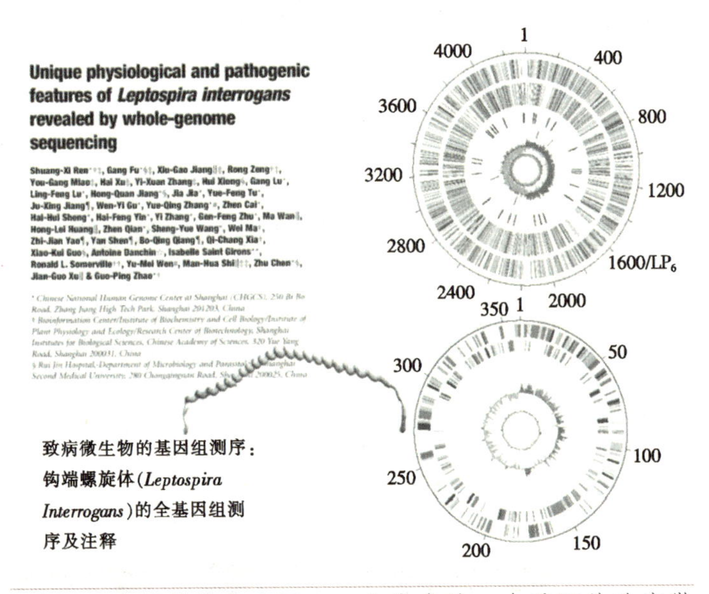

▲图5　中国科学家在*Nature*上发表的一个重要的致病微生物钩端螺旋体的全基因组序列和相应的注释研究

2003年SARS爆发以后，在全国指挥部科技攻关组的领导下，中国科学家利用近年来发展起来的基因组科学的平台与病毒学、流行病学、临床传染病学的专家们共同努力，对疾病暴发不同阶段患者收集的60多株

SARS病毒株进行了全序列的测定，并且对其分子进化进行了研究，揭示了SARS病毒基因组的基本特征(参见图6)。发现从早期病人分离的SARS病毒样品的序列和从野生动物果子狸身上发现的SARS病毒存在着很高的相似性，然后在疾病进展的过程当中，在一些重要抗原部位的基因发生了正性选择使其致病力增加，而在疾病的后期病毒基因组趋于稳定，显示病毒和人体的相互作用产生了适应的情况。这样的一个研究结果不仅对揭示病原体的起源有帮助，而且对认识疾病发展的规律以至于将来制备更好的基因工程亚单位疫苗都做了很好的铺垫。

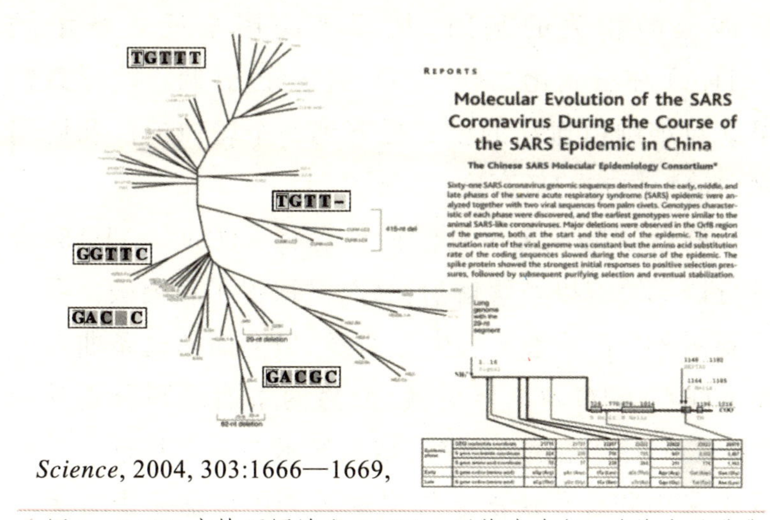

Science, 2004, 303:1666—1669,

▲图6　SARS疫情不同阶段SARS—冠状病毒(Cov)的分子进化

在疾病相关基因的定位和识别方面，近年来中国科学家取得了一系列令国际同行瞩目的成果。最早的是1998年发现的常染色体隐性高频耳聋的基因，以后又发现了Ⅱ型牙本质发育不全的基因DSPP，以及人类最常见的心率失常心房纤颤所涉及的一个基因，这是在我们国家一个家族性的心房纤颤症中所发现的。此外，在大面积危害人群健康的多基因疾病方面也取得了很好的进展，定位了Ⅱ型糖尿病、原发性高血压、甲状腺功能亢进、家族性鼻咽癌等重要疾病的一批相关位点或识别了相关致病基因。

在白血病的研究工作中，继在国际上首创分化治疗的方法以后，又进一步发现了急性早幼粒细胞性白血病所涉及的相关的基因，把原来应用全反式维甲酸(ATRA)和三氧化二砷(ATO)诱导分化、凋亡治疗急性早幼粒细胞白血病的模式提升到一个靶向治疗和协同靶向治疗模式的新高度(参见图7)。

最近运用系统生物学的概念将ATRA和ATO联合进行诱导缓解以及缓解后治疗，又取得了新突破。我们看到图8中有三条无病生存曲线，最上面的这条曲线显示ATRA+ATO做诱导缓解，而另两条曲线则分别是用ATRA或ATO做诱导缓解，结果显示在过去将近三年时间中采用联合疗法的急性早幼粒细胞白血病患者无一复发。我们的成果也因此被国际学术界评论为急性早幼粒细胞性白血病可能是第一种可以被基本治愈的人

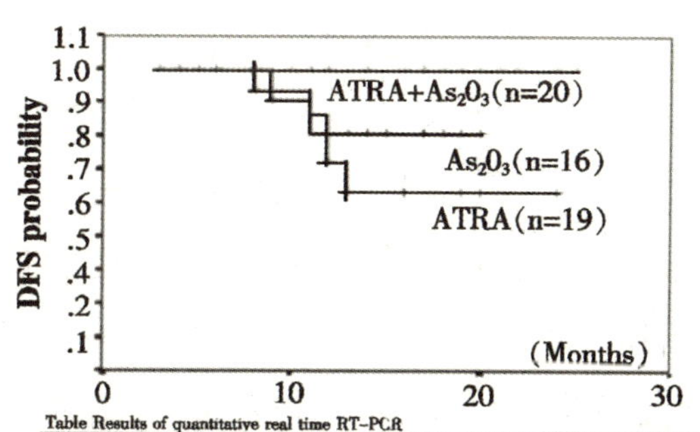

APL的ATRA/ATO协同靶向治疗:第一种可被治愈的人类急性粒细胞白血病

Table Results of quantitative real time RT-PCR

sanple collection	Treatment options(group)		
	ATRA(1)	As_2O_3(2)	ATRA/As_2O_3(3)
Pretreatment	n=19	n=19	n=20
Median of copy number (range)	4595.6(1305.6–531249)	6655.7(1777.2–681692.1)	5155.3(1111.2–618050)
After CR	n=19	n=18	n=20
Median of copy number (range)	793.5(37.5–26680)	286.3(19.1–13543)§	177.3(0.7–389.9) † ‡
Median of reduction fold (range)	6.7(1.1–1152.7)	32.1(2.4–993.5)△	118.9(2.2–3559.0)
After consolidation	n=14	n=14	n=14
Median of copy number (range)	71.6(0.39–4812)	41.3(0.39–3625)	15.2(0.03–252.4)
Median of reduction fold (range)	369.5(222–19683.4)	521.3(18.1–46899)	800 (25.9–523008) ʃ ≠

§ P=0.013 vs group 1; † P=0.0092 vs group 1; ‡ P=0.041 vs group 2; △ P=0.0001 vs group 1; | P=0.0001 vs group 1; | P=0.0079 vs group 2; ¶ P=0.0489 vs group 1; ʃ P=0.018 vs group 1; ≠ P=0.036 vs group 2

▲图7 APL的ATRA/ATO协同靶向治疗模式:第一种可被基本治愈的人类急性粒细胞白血病

类急性粒细胞白血病。

我国科学家在生命科学的经典领域之一——生物化学与分子生物学方面最近同样取得了重大的进展。比如,上海科学家所发现的雄性大鼠生殖系统一个抗菌肽基因Bin1b,一开始,这个基因是被认为与免疫功能有关,但是最新的进展显示这个基因编码的蛋白与精子的活化有关,因此是生殖生物学当前的一个非常重要的研究方向。在蛋白质科学领域,我们国家在20世纪60年代所做的牛胰岛素人工合成的工作被国际公认是一个诺贝尔奖级的工作。即使是在“文革”非常困难的时期,我国科学家在猪胰岛素三维结构的测定方面也取得了令国际同行瞩目的结果。近年来在蛋白质结构功能关系方面，例如植物和某些动物的蛋白酶抑制剂；蛋白质二硫键异构酶作为酶和分子伴侣的双重功能；生物膜所相关的蛋白等等，都取得了一系列的成果。我们国家参与了国际结构基因组学即大规模高通量测定蛋白质三维结构的工作，对一大批人类、动物、植物和微生物蛋白质的三维结构进行测定，成果不断涌现。基于蛋白质结构的药物设计和筛选，比如抗SARS病毒药物的筛选也取得了很好的进展。最近，我国科学家在国际上牵头了国际肝脏蛋白质组学计划，标志着我国蛋白质科学的又一长足进展。

图8显示的是在SARS攻关期间我国科学家率先测定的SARS病毒的第一个蛋白质晶体结构，而这个蛋白

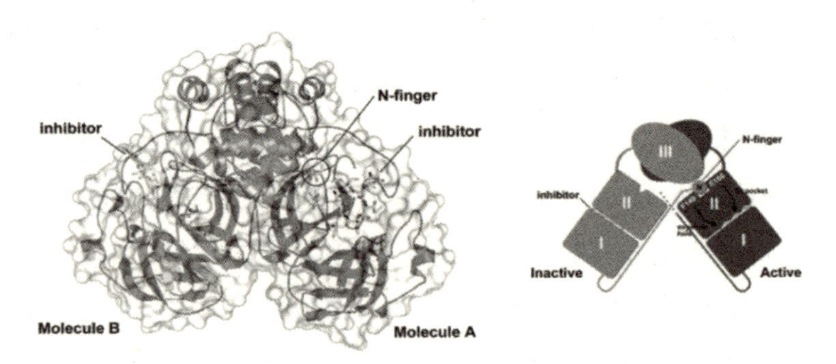

▲图8　SARS病毒的第一个蛋白质晶体结构测定

质是SARS病毒的主要蛋白酶，被认为是重要的药物靶点。这个结果2003年发表在*PNAS*上。2004年3月份我国科学家在膜蛋白晶体结构的测定方面又取得了一个重大突破，这就是菠菜捕光蛋白复合物的晶体结构测定。这是从事晶体学和植物学的科学家多年来几代人通力合作的结果。

我国科学家近来在细胞生物学和信号转导研究方面也是硕果累累，比如说最近上海的科学家发现β-Arrestin2这样一个蛋白质，它能够介导肾上腺素能受体（一种G蛋白偶联受体）信号通路和免疫相关的NF-KB通路间的交叉连接，揭示了交感神经系统调节免疫系统的一个新机制。就是我们讲的信号转导领域当中的交叉对话。这个工作发表在*Molecular Cell*杂志上。

我国在干细胞研究方面也取得了令国际学术界刮目相看的成果。图9是我们在上海的一个小组所发表的关于利用人的体细胞核来重新启动去核的兔卵细胞的整个发育编程的工作。这项工作虽然由于种种原因，最后是在我们国内的*Cell Research*杂志上发表的，但是第二天，*Nature*就给予了重点的报道和高度的评价。

神经科学、认知科学被认为是21世纪科学的桂冠。最近在这些领域里，我们国家的成果也得到了国际同行的高度瞩目。我国科学家证明了果蝇这样一个比较低等的动物在面临两难视觉线索时具有简单的抉择能力，

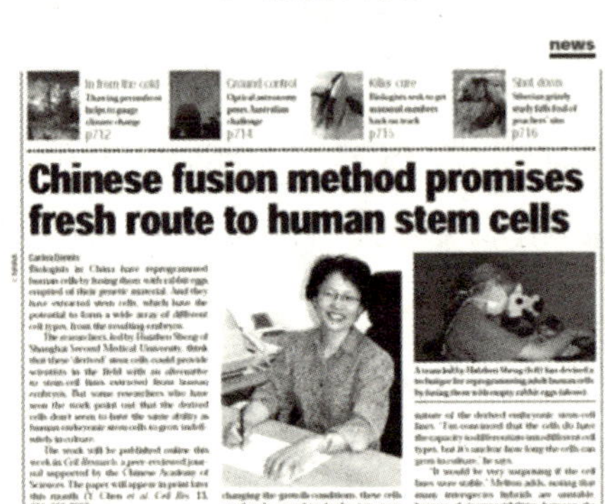

news

p712 p714 p715 p716

Chinese fusion method promises fresh route to human stem cells

NATURE | VOL 424 | 14 AUGUST 2003 | www.nature.com/nature

© 2003 Nature Publishing Group

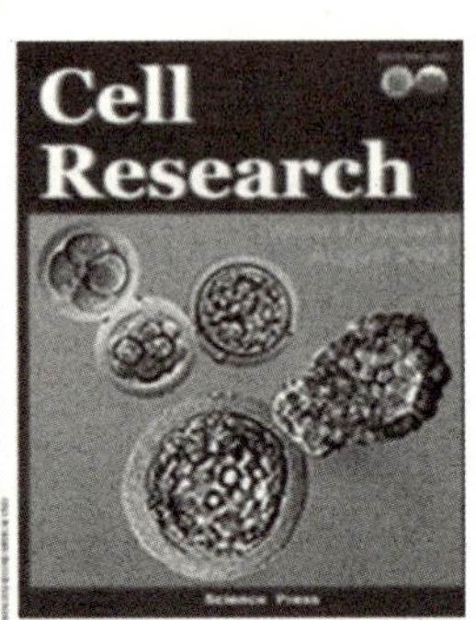

▲图 9 《利用人的体细胞核来重新启动去核的兔卵细胞的整个发育编程》一文，发表在 *Cell Research* 杂志上

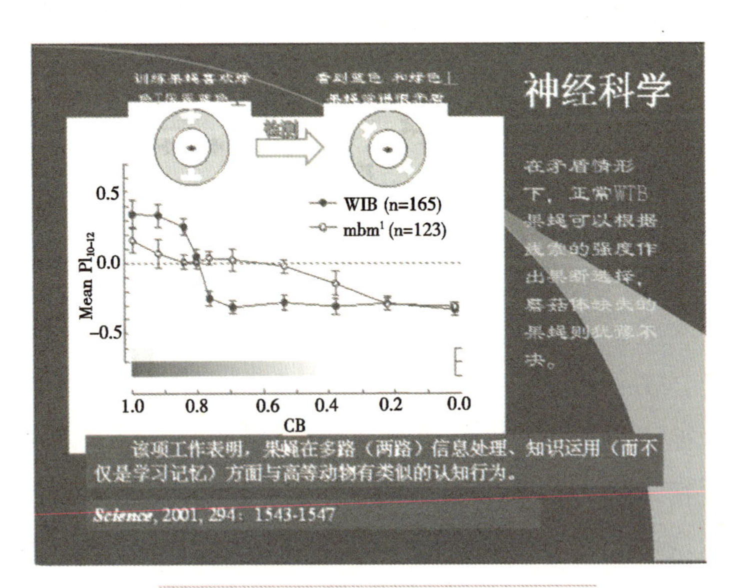

▲图 10　果蝇简单抉择能力的检测图

而以前认为这种抉择能力只有很高等的动物才具有(见图10)。研究证明,果蝇脑中的蘑菇体参加了这一抉择的过程。

20世纪80年代初,我国科学家就提出了视觉整合的拓扑学理论,在这个理论中提出视知觉整合在中枢是从整体到局部这样一个过程,对国际上的主流学说提出了挑战。经过二十几年的不懈努力,2003年在*Science*杂志上发表了一篇非常重要的文章,应用非常巧妙的设计和功能性磁共振这种最新的研究手段为这样一个学说提供了生物学的证据。

在神经科学的微观系统领域里,中国科学家发现G蛋白激活以后可以通过两条信号传导通路对神经元的生长产生截然相反的导向作用;发现了与钙离子无关的单纯神经电冲动也可以完全独立地导致神经递质的释放的新机制(参见图11);在初级视皮层中与兴奋性整合和抑制性整合有关的功能构架;以及在脊髓背根神经节损伤后的基因表达谱变化。这些工作使得上海神经科学研究所被国际生物学界誉为在东亚地区与新加坡细胞分子生物学研究所具有同样国际地位的一个新的充满活力的研究机构。

在宏观生物学领域内,在我国的古籍当中就有很多关于生态学的知识,但是长期处于萌芽状态。20世纪20年代我国的植物学家就开始了比较系统的植物分类学

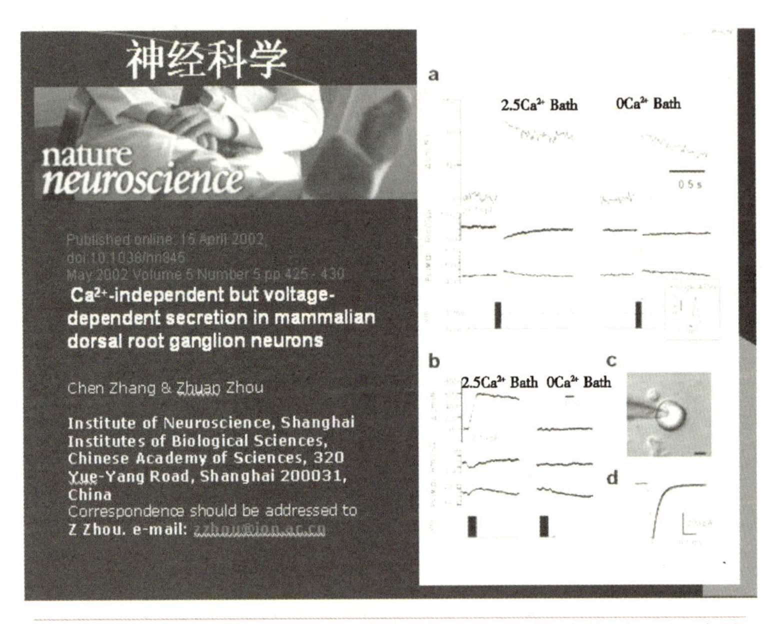

▲图 11 中国科学家发现了与钙离子无关的单纯神经电冲动也可以完全独立地导致神经递质的释放的新机制

研究。建国以后，从20世纪50年代初到80年代末，国家组织了多次大规模的植被和生态学考察，涵盖了全国范围，基本搞清了我国的植物资源状态，绘制出了一批区域性的植被图。随着研究的深入，20世纪80年代后期建立了中国生态系统研究网络及中国生物圈保护网络，也就是CERN和CBRN，开始了全国性的生态网络研究。中国科学院自20世纪50年代起陆续在全国各地的重要生态区建立了64个定位站。建立自然保护区是就地保护丰富的生物资源的重要手段，目前我国已有约

1000个自然保护区，面积达7000多万公顷，大概占国土面积的7.5%左右。1992年，我国加入了联合国保护生物多样性公约，次年决定建立生物圈保护区网络。目前中国生物圈保护区网络的成员有100个，其中加入国际生物圈保护区网络的有22个。这些保护区是保护生物多样性和开展典型生态系统研究的重要基地。另外，迁地保护计划，如植物园、种质资源库等也得到国家的大力支持。我国在退化生态系统恢复与重建方面的研究得到重视。通过长期数据和经验的积累，为生态系统恢复重建奠定了基础。比如南亚热带地区结合荒山造林恢复森林植被的成功研究使退化生态系统的恢复工作

▲图12　中国科学园植物园作为创新支撑体系的一些进展情况

进入了实质性的阶段，内蒙古沙地综合治理示范区为新型退化系统的恢复提供了另外一个范例。

图12显示的是中国科学院植物园作为创新支撑体系的一些进展情况。广州华南植物园、武汉植物园和西双版纳植物园都进行了大规模的改造，要建成具有区域特色的综合性植物园，另外还有9个专类植物园，形成重要物种保护和战略资源保存的全国性核心网络。目前在这些植物园中已经保存了我们国家大约30000种维管植物当中的一半，这些植物园也将成为生物多样性可持续利用和公众教育的平台。

我国在系统演化与古生物学方面也取得了不少国际一流的成果。图13显示的是在生物系统学(biosyste-

▲图13 我国已完成了255卷的《植物志》、《动物志》和《孢子植物志》

matics)领域的一项标志性成果:我国已完成了255卷的《植物志》、《动物志》和《孢子植物志》。

对狗的线粒体DNA多样性进行深入研究,在这个基础上我国科学家与国际同行合作揭开了家养动物狗的起源之谜,证实了全世界的狗具有相同的遗传基础,共享一个基因池,都起源于东亚,以后才逐步扩展到世界各地。这个工作的重要意义是为动物的家养驯化及其进化适应分子机制的阐明奠定了一个很好的基础。

有关系统进化的工作也涉及现代人群,所谓的现代智人基因组多态性和群体间的相互关系。我国科学家近年来利用遗传学的证据,证明了东亚人群和生活在世界其他地区的人群一样都具有共同的来自于非洲的祖先。

古生物学方面成果尤为突出,我们看不久前的*Science*杂志又发表了我国科学家所发现的最早的多细胞生物,称为小春虫,为生命起源又提供了非常重要的化石证据。在恐龙的研究方面,尤其是近年来发现的中华鸟龙等一大批非常珍贵的恐龙化石,为鸟类的起源提供了更为确切的证据,发现四个翼的恐龙很可能具有滑翔能力,可能代表着恐龙向鸟类进化的一个中间阶段,形成四翼扑动飞翔的能力,可称为动物进化的一个里程碑或发现(见图14)。

▲图 14　中国科学家发现四个翼的恐龙很可能具有滑翔能力，可能代表着恐龙向鸟类进化的一个中间阶段，形成四翼扑动飞翔的能力

2. 中国的生物技术研究状况

现在我向各位院士汇报一下近年来我们国家在生物技术研究与开发一些重点领域的主要进展。在这里涉及高产优质农作物的遗传育种；转基因技术和动物克隆；生物反应器；基因和蛋白质工程疫苗；生物治疗；药物创新体系与创新药物。

我国在杂交稻的研究与应用上一直处于国际领先地位。大家知道，杂交稻的研究始于1964年，1973年实现三系配套，1976年开始大面积的生产。20世纪90年代以来，全国杂交稻的年种植面积一直保持在1500万公顷以上，占了水稻总种植面积的大约50%，产量占水稻总产量的近60%。两系稻则是在1995年获得成功的，两系杂交稻比三系杂交稻增产5%~10%。到2002年，两系法杂交稻在全国已经累计推广了700多万公顷(见图15)。

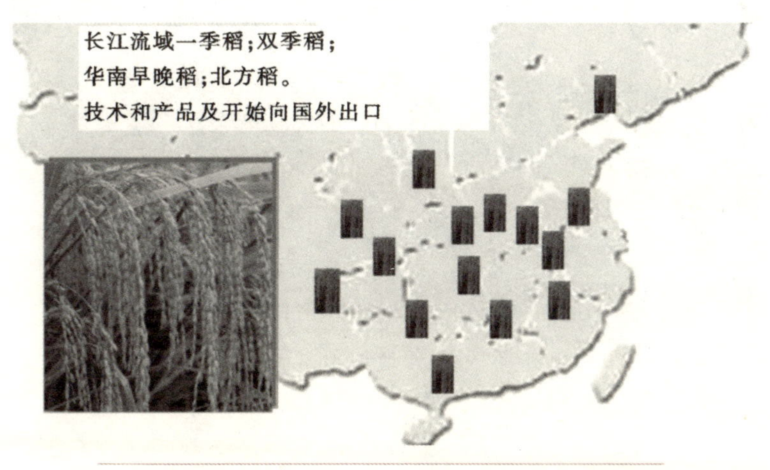

▲图15　两系杂交稻新组合联合鉴定和试种示范，在全国累计推广700多万公顷

图16是国家从1997年开始实施超级杂交稻的研究计划，其产量指标在2000年达到每公顷10.5吨，2005年达到每公顷12吨。这项研究已经取得了重大突破。云南的“两优明”品种已经创造了每公顷17.9吨的历史记录，有“两优培9”、“两优932”两个超级稻组合通过了新品种的审定。2000年到2001年，两年当中，超级杂交稻累计推广了20万公顷，增产优质稻谷3亿多公斤。

▲图 16 我国在超级杂交稻的研究取得了重大突破，并得到大力推广

我国也是较早利用细胞与染色体技术改良农作物品种的国家。比如，图 17 显示的优质小麦栽培品种小偃 54，其特点是高蛋白、高面筋含量，已经推广 20 万公顷的种植面积。

在植物基因工程研究开发方面，我国已经有转基因番茄、矮牵牛、抗病毒甜椒、抗病毒番茄、抗虫棉等五种自主研制的转基因植物通过了国家商品化生产许可。2001 年，我国的转基因作物（主要是转基因棉花）种植面积就达到了 70 万公顷，居世界第 4 位（见图 18）。动物生

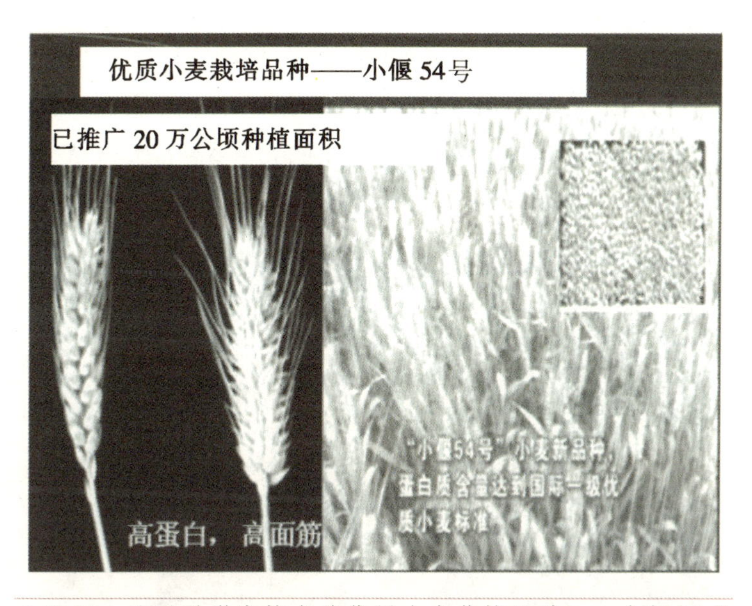

▲图17　我国科学家培育的优质小麦栽培品种——小偃54号

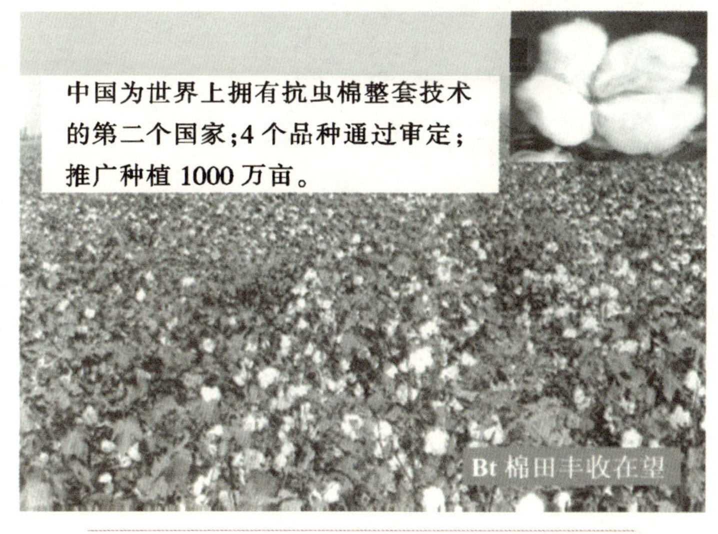

▲图18　我国抗虫棉转基因技术取得重大突破

物技术研究与开发也取得了可喜的成绩，我国在转基因鱼研究方面居于国际领先水平，大规模商品化生产的条件已经成熟(见图19)。另外，我们也获得了生产人类药用蛋白的转基因动物。

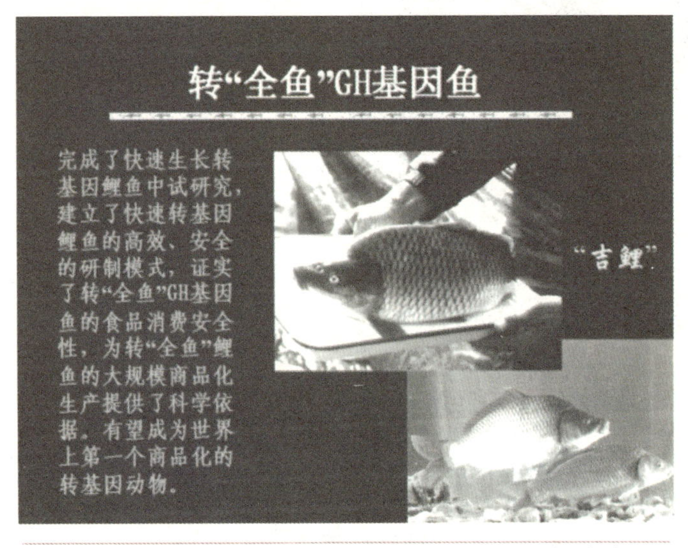

▲图19　我国在转基因鱼研究方面居于国际领先水平，图为转“全鱼”GH基因鱼

近年来，中国科学家在动物克隆研究方面取得了令世界瞩目的成就，获得了山羊、牛等一批克隆动物。图20显示的是用特异的DNA遗传标志来证明这些克隆动物的确是符合克隆技术所产生的动物的严格要求的。2002年，我国科学家获得了成年体细胞克隆牛犊一共14头，存活5头，所以在世界上开创了一次性能够连续产生克隆动物群体的一个很好的局面。

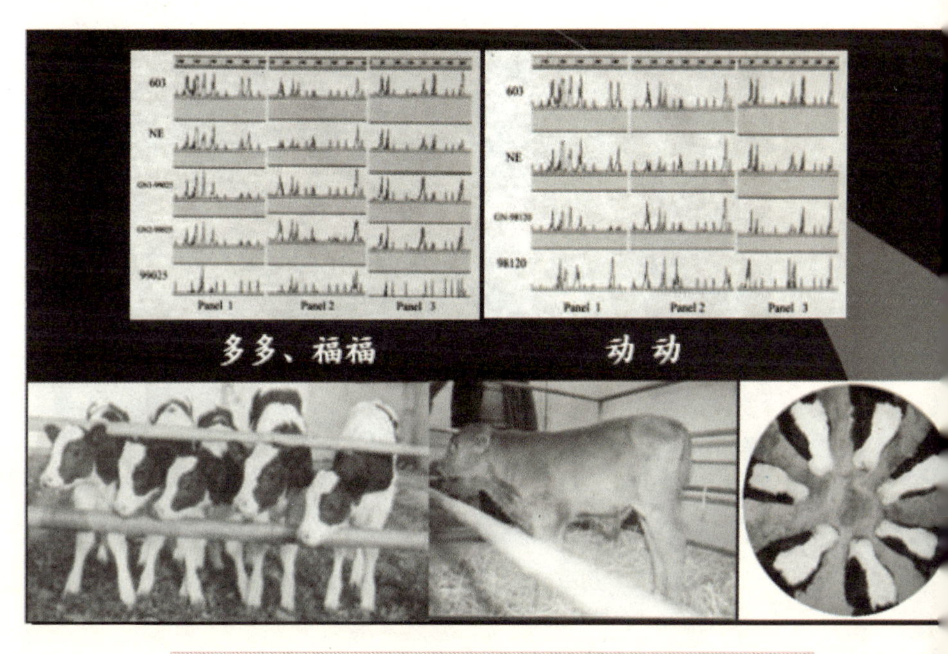

▲图20　我国科学家在动物克隆技术方面的突出成就，图为克隆牛微卫星检测图谱及部分克隆牛

在医药生物技术及产品开发方面，特别是在国家“863”计划的支持之下，近年来我国也取得了重要的进展(见图21)。基因工程药物产业初具规模，批准上市的产品根据2001年的统计已经有18种，进入一期到二期临床的有21种，处于临床前开发的有35种。产品的市场占有率不断提高，例如α 1b干扰素已经占据了国内干扰素市场的60%，这是非常不容易的，因为这个产品的国际竞争非常激烈。治疗性乙型肝炎疫苗进展良好，血源性乙肝抗原—抗体复合物已获特殊临床试验批文；基

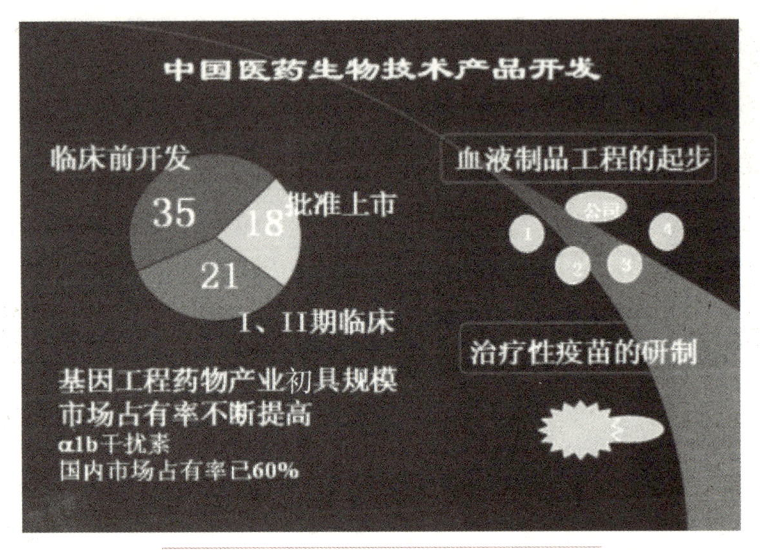

▲图21 中国医药生物技术产品开发

因工程乙肝抗原—抗体复合物已经进入临床试验，目前正在开展三重复合物的新型疫苗的研制。人工血液代用品技术转让成功，已经建成了中试规模基地。我国的生物技术药物由仿制为主逐步向自主创新转变(见图22)。现在我国已经具备一定生产能力的基因工程制药企业有60多家(参见图23)，在这里不可能一一列举。在世界前10种销量最大的生物技术药物的品种中，我国能生产8种。此外，应用于诊断或者导向药物的单抗和单抗衍生物的研发进展顺利，遗传病等基因诊断技术达到了国际先进水平。

最近，我国在生物治疗方面也取得了一系列的自主

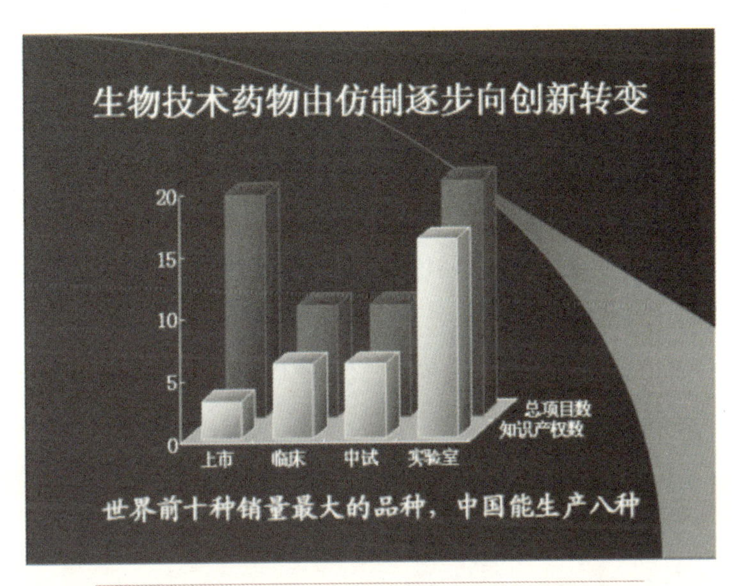

▲图22　生物技术药物由仿制逐步向创新转变

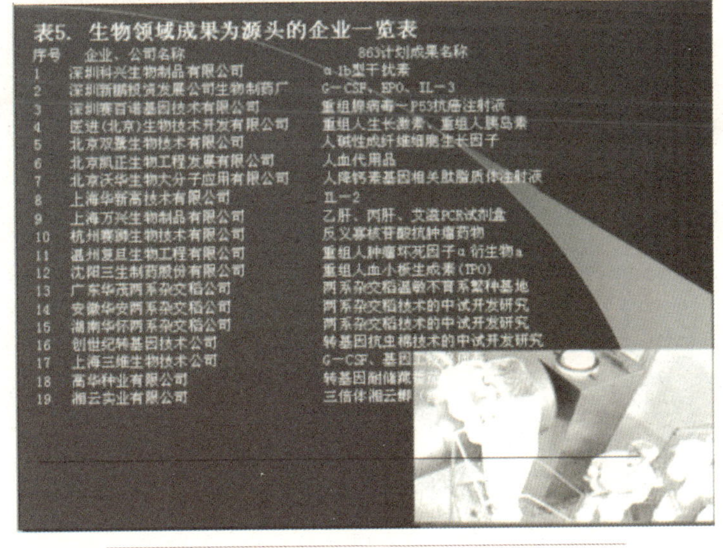

表5. 生物领域成果为源头的企业一览表

序号	企业、公司名称	863计划成果名称
1	深圳科兴生物制品有限公司	α-1b型干扰素
2	深圳新鹏投资发展公司生物制药厂	G—CSF、EPO、IL—3
3	深圳赛百诺基因技术有限公司	重组腺病毒—P53抗癌注射液
4	医进(北京)生物技术开发有限公司	重组人生长激素、重组人胰岛素
5	北京双鹭生物技术有限公司	人碱性成纤维细胞生长因子
6	北京凯正生物工程发展有限公司	人血代用品
7	北京沃华生物大分子应用有限公司	人降钙素基因相关肽脂质体注射液
8	上海华新高技术有限公司	IL—2
9	上海万兴生物制品有限公司	乙肝、丙肝、艾滋PCR试剂盒
10	杭州赛狮生物技术有限公司	反义寡核苷酸抗肿瘤药物
11	温州复旦生物工程有限公司	重组人肿瘤坏死因子α衍生物a
12	沈阳三生制药股份有限公司	重组人血小板生成素(TPO)
13	广东华茂两系杂交稻公司	两系杂交稻温敏不育系繁种基地
14	安徽华安两系杂交稻公司	两系杂交稻技术的中试开发研究
15	湖南华怀两系杂交稻公司	两系杂交稻技术的中试开发研究
16	创世纪转基因技术公司	转基因抗虫棉技术的中试开发研究
17	上海三维生物技术公司	G—CSF、基因[illegible]
18	高华种业有限公司	转基因耐储[illegible]
19	湘云实业有限公司	三倍体湘云鲫[illegible]

▲图23　生物领域成果为源头的企业一览表

创新性的突破，在肿瘤免疫治疗方面发展了细胞融合技术和单克隆抗体治疗肿瘤的一系列新技术；独创了应用异种血管内皮细胞抗原激发免疫反应、抑制肿瘤新生血管的新思路，从而在抗血管治疗当中创出了一条新路；组织工程研究目前在胚胎干细胞方面正在抢占国际前沿；骨、人工关节等组织工程已经接近了产业化；在基因治疗方面，我国在血友病、恶性肿瘤(包括肝癌、肺癌、胃癌、头颈部肿瘤等)、阻塞性外周血管病等都取得了一系列的重要进展。图24是血友病B的基因治疗情况。血友病的基因治疗是我国科学家在国际上率先开始的，而

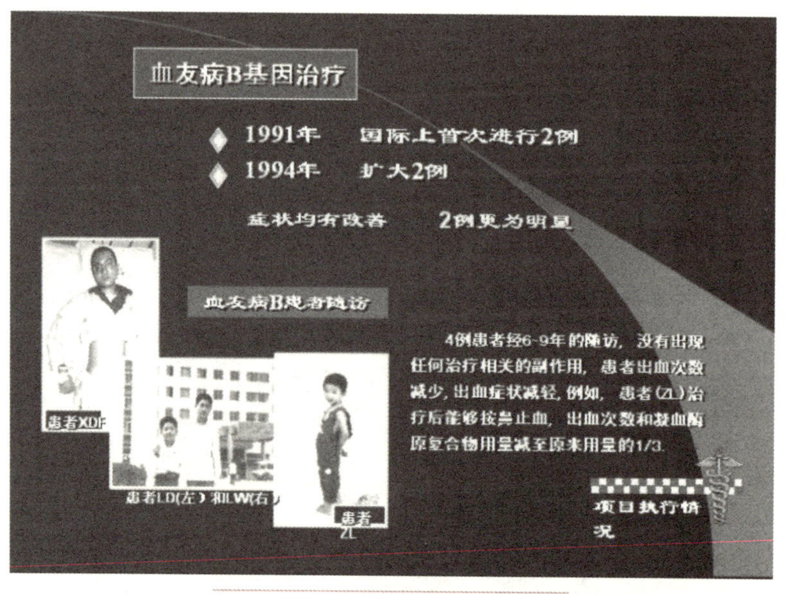

▲图24 血友病B的基因治疗

最近特别令人鼓舞的是，重组人p53腺病毒注射液作为全球第一个被批准上市的基因治疗药物在我们国家出现，这就是深圳的赛百诺。这个产品的名字被国家领导人命名为“今又生”，这件事在国际生物技术界产生了重大的反响。说明我国抓住了机遇，是有可能在生物技术领域实现跨越式发展的。

生物技术的最终评价要看市场的贡献率，从1986年到2000年的数据来看，产值由2.6亿上升到了200亿，而且每年的增长都在20%~30%以上（见图25）。

我还想特别提一下我国科学界在药物发现与发展

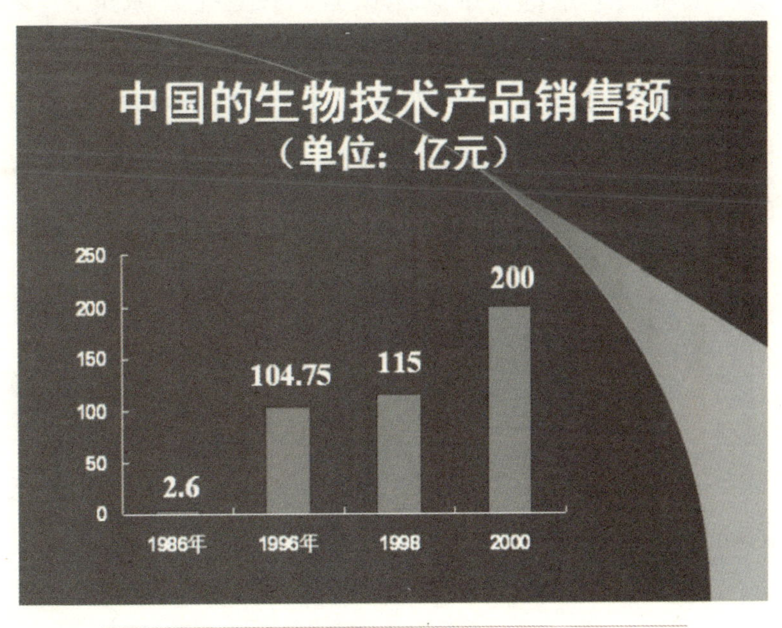

▲图25　中国的生物技术产品销售额（单位：亿元）

方面的一些重大的贡献。我们知道，青蒿素具有抗疟疾的作用，基于青蒿素的一些新的衍生物，如蒿甲醚现在被世界卫生组织认为是最有效的抗疟疾药物。二巯基丁二酸是一种抗重金属中毒的解毒剂，这是由美国来仿制中国的一个药物，已经获得FDA的批准。希普林是基于天然产物石杉碱甲的一种衍生物，能够显著改善老年人记忆缺失和抗老年痴呆症。现在无论是在国内还是在国际上都进行着大规模的临床试验，有可能成为我国第一个“重磅炸弹”级的药物。基于天然药物组分复方的抗艾滋病药物，比如说SH1，最近显示了很好的苗头，已经被泰国卫生部批准临床试验。在这个领域里，国家科技部、地方政府、中国科学院联合建立了上海新药筛选中心，已经显示了其重要作用，目前已经建成了200种以上高通量细胞或分子筛选体系，已获得了一批有苗头的先导化合物。

三、中国在生命科学和生物技术研究领域所面临的挑战及对策

下面我想谈一下中国生命科学和生物技术所存在的问题和挑战，以及应对这些挑战的一些思考。

应该说，总体上我们的创新能力还很不足，既有投入不足、人才不足、基础设施不足的问题，更有体制、机

制的问题；部门研究计划之间的协调不够，投入渠道多而协调机制少，导致计划重复而效率不高；科学和技术的研究与产业的结合不紧，企业研究力量相对薄弱，研究机构与企业之间缺乏有效的合作机制；法制建设跟不上科技的发展。

国家科技部对我国科学技术的发展提出了“三大战略”，就是人才、专利和标准战略。中国科学院也提出了“跨越、人才、可持续”三大战略 。这些战略都非常符合目前中央提出的科学发展观这样一个新的发展思路。在生命科学领域里，尤其是在基础研究领域，我们现在很难去规划在哪个具体领域或者在什么时间出现真正的原始性创新，因为基础研究是很难去规划的。但是，对于一些优先发展的重点领域和相应的技术平台进行规划应该是有可能的。生物技术作为高技术的核心领域之一，应该进行中长期的规划，应该高度重视生物医药和现代农业，前瞻性地部署前沿生物技术，尤其发挥国家高新技术园区和高技术产业化基地的骨干作用。需要建立不同研究计划之间的协调机制并逐渐简化和集中资助渠道。需要加强国立科研机构与地方、企业、大学的联合，鼓励科研机构的项目组或单位在适当时机转制。极有必要建立国家生物伦理委员会。当然也需要在研究机构、临床单位建立机构生物伦理委员会(IRB)。

在这里，我想特别疾呼的是：我国生命科学和相关学科的发展不符合当前全球自然科学发展的潮流。我在报告一开始即提到生命科学的27.1%和临床医学的20.9%加在一起为48%，加上农业科学1.7%，生态环境2.3%，生命科学、生物技术相关知识产出占了国际科学文献的52%这样一个事实。在我国，生命科学仅占11.4%，临床医学只占6.4%，农业科学只占0.5%（参见图26）。

所以，我认为需要从国家战略的层面进行科技布局的重大结构调整。这个结构调整不是去挤压其他学科，而是说从国家R&D的投入增量部分加大对生命科学和

我国的生命科学研究有待加强

我国生命科学和相关学科产出占总的科学论文产出比较低，说明我国应加强生命科学研究

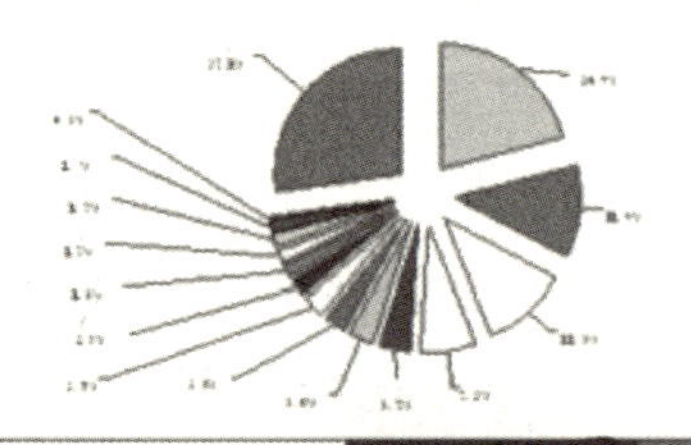

1992—2001年国际科学论文产出学科分布图

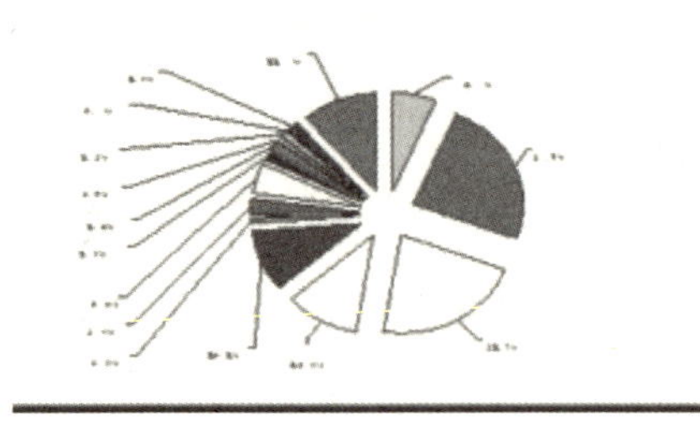

1992—2001年国内科学论文产出学科分布图

▲图26 论文产出学科分布图

生物技术的支持。我想，自然科学基金委员会在这方面可能是最为突出的，做得最好的。我尤其想指出的是，在生命科学和生物技术的总体投入当中，对于生物医药、公共卫生创新体系和农业创新体系的投入严重不足。图27的背景是2003年SARS的流行情况，给我国和世界人类生命和财产造成了重大损失。所以，建立中国相关创新体系资助机制极为迫切。比如说在中国要不要搞一个类似于NIH，或者是英国的MRC（英国医学研究理事会），或者类似于法国的INSERM（法国国立健康医学研究院）这样的体制，应该尽早提上议事日程，我们在农业相关的创新资助体系方面也亟待改善。

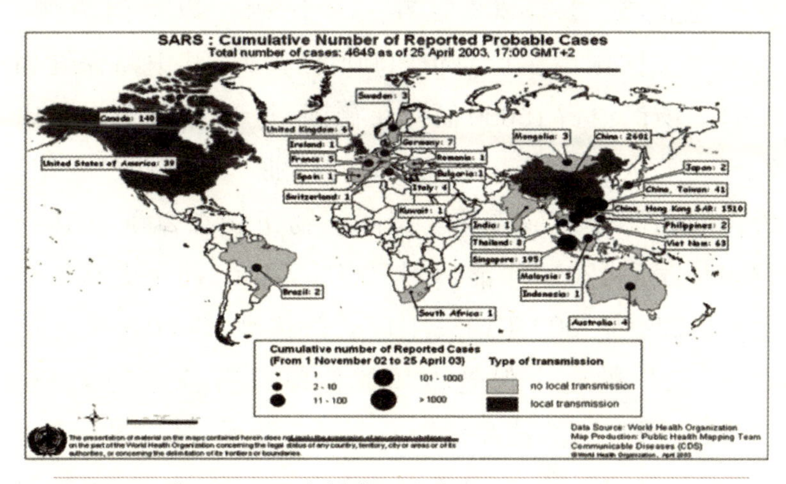

▲图27　世界SARS病例数量分布图

关键：对生命科学与生物技术的总体投入不足，尤其医药和公共卫生创新体系及农业创新体系投入严重不足；建立中国相关创新体系资助机制极为迫切

最近，中国科学院为实现跨越战略设计了生命口的十大方向和平台。我想在这里特别强调的是，在基础研究领域里尤其需要加强学科的交叉融合，不仅是生命科学内部，也包括生命科学和数学、物理、化学、信息科学、计算机科学之间的交叉融合。目前，国际生命科学界正出现系统生物学和整合生物学的趋势，我觉得关注这方面进展并启动有中国特色的相应研究如系统生物医学，是非常重要的。

在生物技术方面，我还想特别强调三点：第一，要重视保健和药物市场的开发。实际上，这是第三产业增长的一个重要的抓手。在发达国家保健市场价值占国内生产总值的10%~20%这样一个比例。以美国为例，2000年美国国内生产总值80000亿美元，其中与保健相关的市场产值占15000亿。在德国，每10个就业人员中就有一个从事和人类健康有关的产业。在这些产业中，药物的利润额是最高的。国际药物市场在2000年达到3300亿美元，2010年能达到7000亿美元，甚至更高。在我们国家，当2000年国民生产总值达到10000亿美元的时候，我们的整个保健市场的价值只占GDP的4.2%。当时，中国人均的药品消耗一年是7美元，韩国是118美元，美国是308美元，日本是447美元。在今后，中国绿色GDP的增长中，有巨大的市场潜力，但是必须要加强这方面的研发，才有可能使挑战变成机遇。这个机遇就是全球市场,就是中药和天然化合物,它符合科学的潮流和目前生活和医学模式的变化。所以中国医药工业能不能发展取决于国家和企业能不能构筑创新体系。

第二个重要的问题,是如何利用功能基因组时代的科学思想和技术平台来加速中医药的现代化。传统的中医强调整体的概念,而西方的科学长期以来走了一条分析和还原论的道路。目前这两种科学的走势趋向统一,因为西方的生命科学目前已经由分析逐步走向分析与综合相结合这样一个新的路径。所以我们认为完全有可能用功能基因组的平台技术,比如说生物芯片、细胞和整体水平的生物学模型,来探索中医学的基本理论,例如阴阳学说和脏腑学说。传统中药也完全可能得益于现代科学的新的路径,大规模分离和鉴定有效成分,就是我们讲的植物化学组这样一个概念,基于靶点的药物筛选来发现有效成分,用转录组和蛋白质组的手段进行基于作用机理的药物筛选,从而识别中药的药理作用。最近也有用功能核磁和正电子发射器(PET)以及功能基因组的平台,如SNP、转录组和蛋白质组来破解针灸的原理这样一些新的想法。我想提醒大家注意的是,目前西方的一些公司有可能抢在我们前面去破解中医药的奥秘。

另外一个问题是,在农业生物技术方面我们必须高度重视转基因作物的研究和推广。在全球范围内，转基因农作物2001年已推广到5 260万公顷，2001年世界总产值390亿美元(参见图28)。目前的一般看法是，转基因作物对人体的健康没有明显的影响，当然它的生态学效应还有待进一步的长期的研究。非常值得注意的一个动向是，在反对转基因植物呼声非常高的欧洲，欧盟已经决定开放对BT转基因玉米的进口。所以这种情况必须引起我们的高度重视。如果我们不能在产业政策上有一个重大突破的话，中国的现代生物农业技术是很难形成产业化能力的。

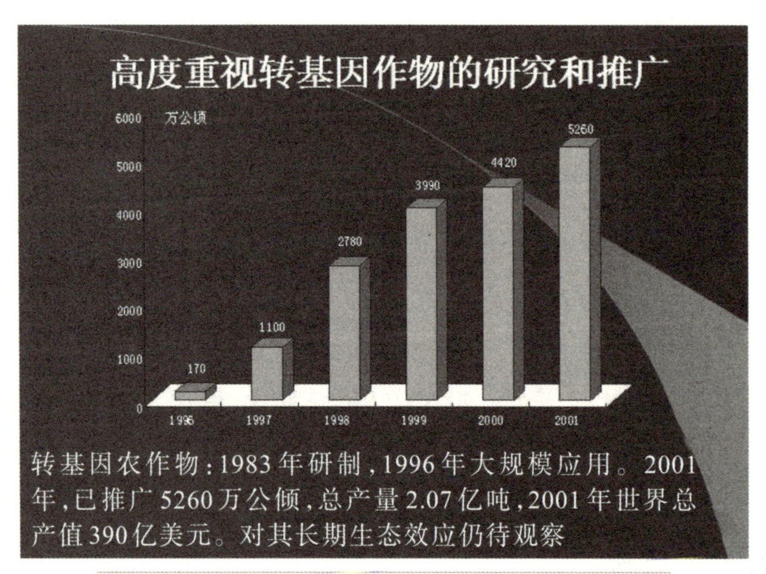

▲图28　全球范围内转基因农作物的研制与推广

在科技部领导下一方面学习中长期规划，另一方面也在进行“十一五”“863”生物和现代农业领域的重点方向的思考。在这里,我们也提出来要把一些前沿生物技术,例如能源、材料等工业生物技术和环境、纳米相关的生物技术列入“十一五”战略部署当中。

最后,我想强调的是,生命科学、生物技术因其与人类社会发展有着非常密切的关系,比其他任何科学领域和技术领域更加需要加强科学伦理学的研究。随着生命科学和生物技术的发展而产生的伦理问题备受世界各国政府、科学家乃至普通老百姓的广泛关注,在全球范围内存在着一场大争论。就目前人们所关注的问题来看,主要有克隆技术和干细胞技术;基因治疗、组织及器官工程技术、基因修饰生物以及基因歧视等。对于生物伦理问题,不同国家和民族,不同宗教信仰,乃至不同知识层次的人群都可能有不同的观点。但在一些基本点上,如维护人类和民族尊严,保护基因资源和生态环境,保证食品安全方面等应该有共识。我们认为,在研究和应用生命科学和生物技术成果时必须遵循善意、无伤害、知情同意、知情选择、公正等原则。在处理基因组学研究成果的共享和生物技术及其产品知识产权保护的关键问题上,尤其要注意维护发展中国家的利益。在生命伦理方面,法制的建设已严重滞后于科技的发展。因此,我国政府和科学界应该加强相关问题的研究,制定有关的法律和法规。科学家有义务和责任保证生物技术研究在造福人类的正确轨道上运行。

随着经济的持续高速发展，中国的生命科学和生物技术研究也取得了长足的进步，尤其是基因组和功能基因组学研究、神经科学的研究、干细胞相关研究的兴起给中国生命科学追赶国际先进水平和带动生物技术的研究开发提供了前所未有的良机。中国生命科学界抓住了机遇，实现了一次历史性的跨越，使我们在总体水平上与国际先进水平的差距大大缩小了。在有些领域已经与世界同步，尤其是已经有了一支有较高水平的生命科学和生物技术的科研队伍。上中下游门类齐全的

以人为本，创新跨越，合作竞争，持续发展

news feature

Nature March 5, 2001,

A great leap forward

After helping to sequence the human genome, Chinese scientists are debating how best to continue the push towards becoming a world power in biology. David Cyranoski reports.

China wears its participation in the international Human Genome Project (HGP) like a badge of honour. Last month, when the HGP published its sequence of the human genome in Nature[1], Chinese institutes were among those sharing the spotlight.

"Now everyone in China knows what the human genome is," says Huanming Yang, director of the Beijing Genomics Institute (BGI). "Chinese people are so proud to be to become a major force in biology and biotechnology. With strong government support, researchers are setting up programmes in everything from stem-cell research, through large-scale efforts to determine protein structures, to population studies to hunt for human disease genes. There is even talk of trying to clone the endangered giant panda.

For researchers returning from positions abroad, the pace of change is striking. debate the optimal balance between building more capacity for DNA sequencing against investing in areas such as functional genomics and medical genetics, there are calls for more coordination, and better peer review to judge the relative merits of the various programmes being considered. Other researchers are concerned that, despite moves towards a market economy, China still lacks the genuinely competitive environment needed to nurture a vibrant biotechnology industry.

▲图29　中国生命科学和生物技术以人为本，创新跨越，合作竞争，持续发展

研发体系已初步形成，一批有相当规模的研发基地也已经建立起来。可以预言，在未来的15年到20年时间内，中国完全有能力跨入世界生命科学和生物技术强国的行列。有趣的是，2001年*Nature*上发表的一篇长篇述评文章用的标题就是“大跨越”(*A Great Leap Forward*)。大家看图29上面，这个还在以人力车作为交通工具而广泛使用的国家，却下决心要在生命科学和生物技术这样的关键领域实现雄心勃勃的追赶和跨越的计划，足见决策者的远见卓识。我相信，通过生命科学界自身的努力，通过生命科学界和各个学科的大联合，通过加强国际合作，我们完全有可能形成具有中国特色的生命科学和生物技术的体系，造福于当代人民大众，也造福于我们的子孙后代。

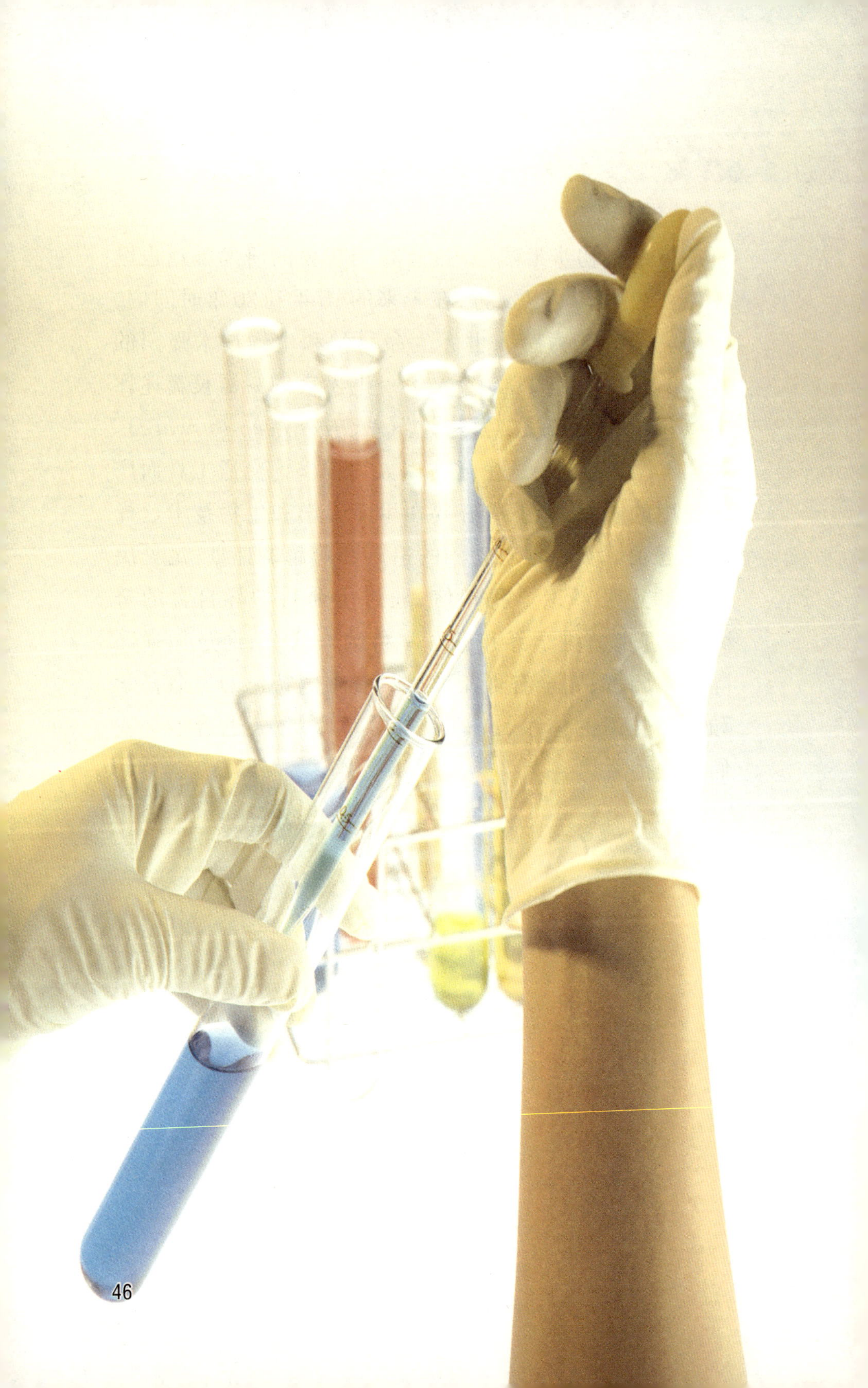

“人类蛋白质组计划”及中国的贡献与意义

贺福初

一、“人类蛋白质组计划”的时代背景

二、“人类蛋白质组计划”的目标和意义

三、我国在“人类蛋白质组计划”中的作用及可能的影响

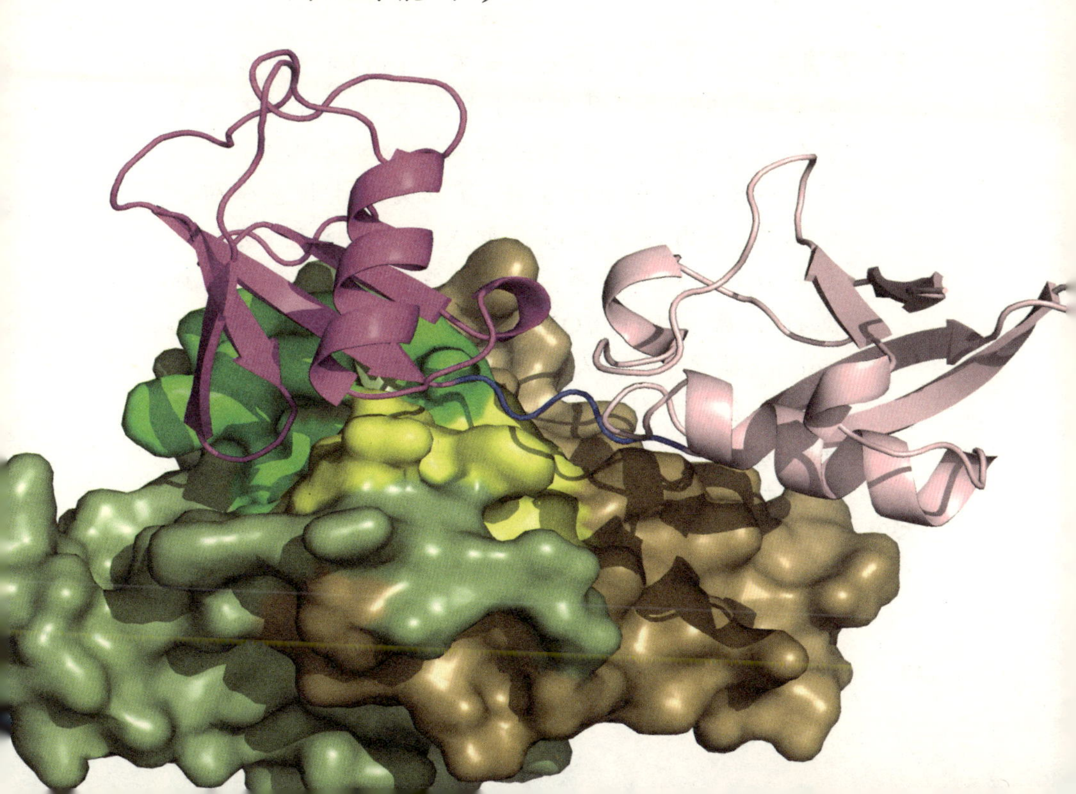

【作者简介】贺福初，细胞生物学家。1962年5月生于湖南安乡，1982年9月毕业于复旦大学。历任军事医学科学院副院长、国家生物医学分析中心主任、北京蛋白质组研究中心主任、复旦大学生物医学研究院院长、蛋白质组学国家重点实验室主任、国际人类蛋白质组组织理事、国际人类肝脏蛋白质组计划执行主席、PROTEOMICS副主编、Mol Cell Proteomics编委、中国人类蛋白质组组织主席、国务院学位委员会学科评审组成员、国家中长期重大研究计划专家组副组长、国家863生物技术领域专家委员会专家、北京市科协副主席等职。

主要从事分子生物学及基因组学、蛋白质组学和系统生物学等方面的研究。先后主持了国家“973”计划“人类重大疾病的蛋白质组学研究”，国家科技攻关计划“人类重大疾病和重要生理功能的蛋白质组学研究”、国家自然科学基金创新群体项目“人胎肝蛋白质组学及重要细胞调控因子的发掘”、北京市重大科技专项“肝脏及重大肝病的蛋白质组学研究”以及“中国人类肝脏蛋白质组计划”重大专项，荣获国家自然科学二等奖2项、“国家科技进步奖”二等奖2项、“军队科技进步奖”一等奖2项、“北京市科学技术奖”一等奖3项，并荣获“中国青年科技奖”、“国家有突出贡献的中青年专家”、“中国五四青年奖章”、“何梁何利基金科学与技术进步奖”等荣誉。

2001年当选为中国科学院院士，2005年当选为第三世界科学院院士。

一、“人类蛋白质组计划”的时代背景

20世纪是孕育神奇的世纪，我们叫它“基因世纪”。当然这个世纪的上半叶，整个自然科学实际上是以量子力学为先导的微观科学的发展，物质科学的发展。但是随着DNA双螺旋结构模型的问世，从1953年开始，整个自然科学的发展中心陆续转移到了生命科学。而生命科学重心的重中之重，就是基因的研究。这里我们可以回顾一下，整个基因研究的发展实际上贯穿了20世纪的一系列重大的具有革命性的科学事件。正是由于有了这一系列的革命事件，才孕育了20世纪——基因的世纪。我们搞科学的不能口说无凭，什么叫基因世纪？实际上有一系列的书籍都被冠以“基因世纪”(the Century of Gene)这个名字。从1900年孟德尔遗传定律的重新发现与基因名词的出现，然后到20世纪二三十年代摩尔根基因学说的建立，到40年代遗传物质的发现，到50年代遗传物质的结构解析，然后到60年代中心法则与遗传密码的揭示，到70年代基因工程的问世，到80年代癌基因的发现，到90年代基因组计划的开端，直到2001年人类基因组序列草图的完成，实际上这一系列重大革命性的科学变化无不打上了基因的烙印。所以说，20世纪作为“基因的世纪”应该说是当之无愧的。

当然我自己非常荣幸,“基因学说”的创立者汤姆斯·摩尔根,是我老师谈家桢先生的老师,可以说是我的师祖。我在复旦大学遗传学专业学习时,谈先生给我们上的第一课就是讲述20世纪遗传学的发展。其中很重要的一点就是基因的概念,从一个概念到一个物质实体,到它运行的规律和作用,到它不仅是作为基础研究的作用,而且作为生物技术主体的作用,这就是我们经常说的基因工程。

那么实际上随着整个基因世纪的历史画卷的展开,有一个人物非常有意思,他就是孟德尔。孟德尔是奥地利一个教堂里面的修士,在19世纪中叶,在教堂里头开展了以豌豆为对象的遗传研究,然后提出了遗传因子的假设,这个遗传因子后来被命名为“基因”。当时只是说,很可能存在这个遗传因子,然而随着人们对基因规律的认识,对基因物质载体的认识,对基因运作机制的认识,然后就先延伸到了一个概念,继而延伸到一种物质,这种物质就是DNA。我们知道“种瓜得瓜,种豆得豆”,但是瓜和豆用于传代的物质是什么?就是遗传物质。遗传物质的物质形式是什么?就是DNA。科学家们围绕DNA展开了长达一个世纪的波澜壮阔的历史征程。“种瓜得瓜,种豆得豆”这句话,在中国已经说了几千年,但是为什么“种瓜得瓜,种豆得豆”?这个机制人们一直都不清楚。只是在20世纪围绕基因展开了这样一系列的科学研究，在一系列科学突破的基础之上人们才终于走出了对遗传机制一无所知的人类理性的漫漫长夜。也正是在这样一个大的历史背景之下，我们看到DNA双螺旋这样一个基本结构成为了一个时代的风尚，在很多地方，例如雕塑、建筑中，我们都可以看到它。由此可以看出它不仅对科学产生了极大的震撼作用、革命性的作用，也对人类文明和人类社会产生了极大的影响。

应当说，学生物学的人会非常熟悉上面的图1。这就是弗朗西斯·克里克和詹姆斯·沃森发现的DNA双螺旋结构。中国崇尚龙，他们按中国的十二生肖是两条龙，一个生于1916年，一个生于1928年。我对此感到非常有趣，并常常跟我儿子讲，因为我儿子也属龙。我觉得不仅中国龙有出息，世界龙也有出息。DNA双螺旋结构的两个揭秘者，两个都是属龙的。更值得一提的就是他们是在卡文迪许实验室，也就是量子力学发源地的这样一个伟大的地方，确定了DNA双螺旋结构。我们大家在中学学过物理学的都会知道麦克斯韦，麦克斯韦是卡文迪许实验室的第一任主任。就是在这个卡文迪许实验室，大龙从事博士学位研究，小龙从事博士后研究，他们共同研究DNA结构并揭示了这样一个万古遗传之谜的遗传物质结构。直到今天，恐怕除了原子结构，还没有一个结构能够有如此重大的革命性作用。弗朗西斯·

克里克虽然已经去世,但他和詹姆斯·沃森共同树立的科学丰碑,奠定了整个基因世纪一系列重大革命性科学突破的基础,将永留史册而不朽!

那么为什么说DNA双螺旋结构如此重要,有如此重要的历史作用呢?这是因为碱基的特异性配对揭示了遗传物质可能的复制机制,而这只是当时的一个假设。他们虽然提出了DNA这个双螺旋结构,但是这种结构有什么用途,当时大家不甚清楚。因为那个时候生命科学界只有非常微弱的声音指出DNA很有可能是遗传物质的载体。人们更相信蛋白质可能是遗传的物质载体,此其一。第二是DNA这个物质的构造、构成非常简单,组成单元只有四种核苷酸(区别在其中的四种碱基),四种核苷酸如何演绎出这样丰富多彩的万千生命世界?人们觉得从理性上难以理解。后来正是这一对科学家,于1953年4月25日在《自然》杂志上发表论文,提出了这样一个假设。指出碱基特异性配对,奠定了遗传物质可能的复制基础。当然这在当时还只是一种假说,后来一系列的工作都证明确实如此。他俩同时指出:最重要的是这一分子的组织形式直接揭示了两个最古老的生物之谜。一个就是遗传信息的储存,一个就是复制。我们为什么会代代相传,这就涉及遗传信息的储存问题。另外还有一个复制的问题。这两个重大的科学问题,人类实际上已经探索了几千年,但是一直不是非常清楚。自从

DNA结构的模型出来以后，碱基配对这样一个基本现象被揭示以后，人类对遗传信息储存的问题和复制的问题从理论上应该说就迎刃而解了。虽然从详细的机制来讲当时并不是非常清楚，但是，它的理论基础打破了原来的这样一个悖论：生物化学与遗传学研究表明DNA为遗传物质，但同时表明其组成单元只有四种核苷酸（对应于四种碱基），而不像蛋白质的组成单元有20种；四个碱基何以形成、何以指定如此复杂的生命世界？在DNA双螺旋模型发表以后，人们开始觉得是可以理解的，很有可能是四个碱基的排序决定了遗传的密码和遗传的信息。

尽管这在当时仍然是个假设，但在这种背景之下，人们从理性上已经看到了希望的曙光。从理论上来讲，这样一个结构是可以拥有这样大的信息的。回顾历史，伟大的人物孟德尔发现遗传定律并据此提出遗传因子假设，从而指引人们寻找它的物质基础，科学英雄Avery等找到了DNA，然后另两个伟大人物确定了DNA的结构，进而为所有生命奥秘的洞悉提供了一个物质基础和逻辑前提以及理性前提。我们说这么一个简单的分子，就可以呈现如此重大的作用，变幻出多姿多彩的生命王国，演绎出宇宙间最复杂的物质运动形式——生命。应该说在人类历史上，人类认识史上，人类文明史上和人类科学史上，这都是非常罕见的。就是这么一个简单的分子,可以把万千的生命世界概括到一个方寸上,还不是方寸上,而是非常微小的一个尺度上去。我们再重新回到刚才说的碱基的排列就是携带遗传信息的密码。这是个非常伟大的预测。两位人类杰出的年轻俊彦发现这个结构之际,就提出了这样一个惊天动地的伟大预测,而后来几十年的波澜壮阔的分子生物学的革命,实际上就源于这样一个基本的预测,当然也证实了这样一个基本预测。

当然这只是它的一个突破:碱基的排列顺序可能就是携带遗传信息的密码。但是要揭开遗传信息和读出这个序列,实际上人类又等了大概20年——当然严格说不是等了20年,而是又探索了20年,在这20年的探索当中揭开了这样一个伟大的秘密。此时有一个非常值得整个人类感谢的伟大的科学家,他就是弗雷德里克·桑格(F.Sanger)。这个人两次获得诺贝尔奖,非常有意思,一次是测定我们的蛋白质序列,一次是测定我们的基因序列。前者具体说就是连老百姓都很熟悉的胰岛素,当然现在有人叫它蛋白质,有人不叫它蛋白质。它正是介于可以叫多肽、可以叫蛋白质的一个层次。他由于建立了测定蛋白质序列的方法并测定了一个蛋白质的序列,从而获得了1958年的诺贝尔奖。这也是人类第一次能够读出蛋白质的氨基酸序列。伟大的科学家往往有伟大的目标,在他测定了蛋白质序列之后,接着就想下一个伟大的目标是什么。当然当时最伟大的目标就是基因序列或者说是DNA序列的测定，所以他随即放下诺贝尔奖章、隐姓埋名，开始了近20年的艰难跋涉。终于在20世纪70年代初期，他建立了DNA序列测定的方法并测定了第一个生物，就是一个噬菌体病毒叫ΦX-174的基因组的序列。这是人类有史以来第一次能够像细胞那样读出基因的序列！理所当然，他在1980年又获得了第二次诺贝尔奖。后来，在人类要开始大规模基因组测序的时候，人们觉得一个伟大的人物必须要给予他历史纪念，所以在英国的维康基金会要成立这样一个世界性大规模的测序中心的时候，就建议以他的名字命名。这就是闻名遐迩的桑格中心。我在那儿开过几次会，也主持过会议。而且我们在后面要提及的“人类蛋白质组计划中”的一些重要事件，也发生在这一个中心。这里是国际“人类基因组计划”的“耶路撒冷”，这里有现代生命科学的“耶稣”！

在此我想说的是，在人类对基因的认识上，在人类对生命微观世界的突破点上，应该说，这位桑格先生发挥了革命性的作用，他最后成为一个标志，被这个基因组测序中心采纳。正是在桑格的伟大工作的基础之上，人类基因组的序列才得以被测定。桑格在1980年获得诺贝尔奖的时候，实际上是跟一个美国的科学家一起共享了这个诺贝尔奖，但是后来用于大规模测序的方法是基于桑格方法的原理。正是这个测序原理,使数十亿的大规模基因组序列测定成为可能。正是由于有桑格的工作,才能有后来的现代大规模测序技术,才能使人类像细胞那样阅读基因的信息。细胞是一个非常微小的东西,但是细胞是一个非常精密的东西,是一个非常和谐的东西。人类能够像细胞那样阅读遗传信息,这是一件破天荒的事情。也正是由于有了这样一个原理,才使得这样一个伟大的事件能够发生。而且正是由于有了这样一个基本的原理,才有了这样大规模测序的技术,才有了基因组序列数据的飞速增长。让我们看看国际上几大基因组序列数据库的增长速度。讲到增长速度,人们总会想到摩尔定律,也就是说信息技术、计算机技术发展得非常之快,每过18个月计算能力就要翻一番。但是我们再看看这个基因数据库的增长速度,那是远远高于摩尔速度的。所以我跟做信息学的朋友讲,信息学远没有生命科学发展得快。我们可以举一个例子:与信息的增长速度相比,核酸序列的增长速度那要高出几个数量级。高出的这几个数量级不是绝对量,是增长量,是加速度。从这点来讲,我觉得这是我们做生命科学非常引以为自豪的。生命科学发展的速度可能大大超过了信息技术。

可能生命科学领域以外的人,现在还没有领受到这样一个惠泽,但是这个发展速度是显而易见的。现在人类只要对某一种生物感兴趣,我们就可以在很短的时间之内把它的基因组序列测完。这一点应该说是非常难以想象的。而且,很有意思的是,信息技术使得人类社会进入一个我们称之为信息社会的社会,也叫做数字化的社会。现在我们惊奇地发现,生命的指令也是数字化的。这一点对于生命科学的发展无疑是非常重要的。刚才我们说,信息科学与技术发展的速度没有生命科学快。但是实际上,没有信息科学的支撑,生命科学研究尤其是关于基因组的研究绝不可能走到今天。包括我们现在说的,"Life is digital"——生命是数字化的。这个最重大的贡献里当然有生命科学家的贡献,但是也有非常大的信息科学家的贡献。计算机科学中的0、1形成了如此复杂的信息世界,ATCG四对碱基当然能形成更为复杂的生命指令。实际上两个元素能够形成这么复杂的世界,那四个元素更可以形成更复杂的世界。这一点从理性上是完全可以理解的。但是我想说的还不仅如此,我们还应该看到,正是由于有了DNA序列,我们的生命科学才得以和信息科学如此天衣无缝地融合到了一起。而这一点正是我们生命科学能够走到今天,能够形成如此大规模快速增长的一个基本的学术和技术支撑。这是我想要给大家说的基本概念。这里我还想提到一句话,它不是我说的,而是做基因组研究的一些大科学家们说的:"Biotechnology can't be done without computers."所以我们说,一方面我们要感到很自豪,我们生命科学发展速度高于信息科学的增长;我们同时必须清醒地看到,没有信息科学的支撑,生命科学、基因组科学也绝走不到今天!

有一次跟我们中科院的陈竺副院长开玩笑,我说我们得努力,1953年沃森、克里克发现了DNA的结构,正好是他出生那年;1962年沃森和克里克得诺贝尔奖,正好是我出生的那年。这是生命科学发展史上值得纪念的两个年份! 1962年同时得奖的还有他们的老师凯钧和波瑞茨。非常有意思的是,四位科学家都来自卡文迪许实验室。当时凯钧是卡文迪许结构实验室的主任,波瑞茨是克里克的博士导师。他们一个做血红蛋白的结构,一个做肌红蛋白的结构,都是做蛋白质的结构。沃森和克里克则是做DNA的结构。四位科学家都是师生关系,来自同一个实验室,分别做生命世界两种最重要的物质的结构。应该说这是一个千载难逢的历史巧合,自然成为科学界的佳话。

插个题外话,前天我在我们院研究生导师的培训会上讲到:科学是枯燥的,但又是非常有趣味的。科学是人类最高精英层里面的一群人为了最崇高的事业,为了最大的乐趣和最高层次的趣味,代表人类在进行理性的追求,这是一个崇高的事业,也是其乐无穷的浪漫人生。科学研究里面有大量的乐趣,如果我们只是看到一种伟大而没有看到乐趣，那么我们从事科学研究，就应该说只有苦而没有乐。这一点我觉得是我们的年轻学子必须要看到的。我们在了解历史的过程中不仅能了解知识、更能了解到科学、科学家是如此生动，如此鲜活，如此贴己，如此的有血有肉。比如前面我讲的，1953年陈竺院士等（实际上此年出生并从事生命科学研究的还有白春礼、裴钢、张启发、王志新等院士）与DNA结构同时诞生，1962年我的诞生年里DNA/蛋白质结构测定者同得诺贝尔奖。就是说历史上在我们的诞生年确实出了这样伟大的人物，做了如此伟大的事情，那么我们能不能做一点点即使谈不上伟大，但是将来能够在历史上留下的事情呢？1953年是出英雄的年份，我坚信我们这些年轻的院士们一定能够创造出无愧于历史的伟绩。

我建议同学们去读读历史，尤其是科技史，在了解历史的过程中真切地体会科学，你就会逐步感受到科学研究不仅是一种非常崇高的事，也是一种非常具有人情味的事。我想就此再多说几句话。我获得了国家自然科学奖二等奖，我的一个学生，他排名第五。当我告诉他这个消息后，他非常激动，有感而发，填了一首词：《满江红——贺老师获自然科学奖》并发给我。我看完后颇感意外，他是一个非常好的年轻科学家，没想到他还能填很好的词！后来我就步其韵和了他一首。他不是“贺老师获自然科学奖”吗？这既是“祝贺”的“贺”，我又姓贺,一语双关。我想到他姓张,就对上:“张同学之豪情壮志。”什么含义呢?一指他的姓“张”,同时指一种“张扬、宣扬、高扬”。填了这首词以后,我就将这两首词发给实验室的所有人,结果很快在实验室内引发了一场吟诗填词的热潮。想不到许多平时不显山不露水的研究生们,竟然如此才华横溢!心中充满诗情画意!在这个事件中,同学们不仅亲身亲为、身临其境地感受到了十年寒窗后收获的巨大喜悦,而且领悟到在我们学界还是有许多的“great funs”,科学原来是如此的有趣。在学者群体当中,高山流水,空谷共鸣,这个知音是真正的知音。那个时候,心里的感受真的是一言难尽、难以言表。我们在从事自然科学的研究当中,可能是百次、千次、万次地失败,但你要是有一次的成功,这次成功就是常人所领受不到的成功,这种成功的喜悦会震撼我们的心灵、滋润我们的心智,报我们一生的耕耘、伴我们一生的跋涉!实际上古往今来成大事者,无一不是如此。所以我想从这个角度说,让我们去读读科学史,在历史的阅读过程中,我们会了解到科学原来是如此的动人心魄!这一点我觉得我们应该牢记在心。说这些就是希望能给大家一些启迪,让我们的科学天空充满情趣,让我们的科学人生一路欢歌!

话说回来,正是由于有上面讲到的这样大的技术发展,后来詹姆斯·沃森指出:“No sequences no knowledge。”“未来所有生物学只有以基因组支持开始，才有希望发展。”这也是詹姆斯·沃森说的。他说出了整个生命科学发展的大趋势。

还有一些有趣的事情。人类基因组计划被喻为人类文明和科学史上的三大工程之一，而我们知道，曼哈顿计划——原子弹的研制计划是基于人类对微观世界的了解。人类第一次利用对微观世界的理论认识，服务于人类。阿波罗登月计划则是人类第一次迈出地球，它是基于人类对宏观世界和宇观世界的了解。而无论是微观世界，还是宇观、宏观世界，都是以人类的眼光，以人类的视野尺度为标志的。大大地低于人类的视野尺度的，我们叫微观。就是必须借助于高倍放大的一系列工具，我们才能够接触到、观察到、研究到的，就叫做微观。同样也必须借助器具才能够观察到的世界，也就是要缩小以后再来观察的世界，我们叫宏观世界或者宇观世界。有一天我突发奇想，这三大计划有何联系或必然的规律？这三大计划正好包括人类认识上的三个“观”级：曼哈顿计划，微观；阿波罗计划，宏观；基因组计划，直观。在数量级上有没有什么关系？还真有，原子的半径大约是10^{-10}米，太阳系的半径是10^{12}；原子的体积是10^{-30}立方米，太阳系的体积是10^{30}立方米；非常有意思，人的半径是10^{0}米，人的体积大概是10^{0}立方米左右，所以你看，正负量级差不多，正好到中间就是0。人类在分别系统地了解微观、宏观世界之后，最后了解自己。这是人类理性发展的必然，也是认识论发展的必然。

决定实施这三大计划的政治家都是已载入史册的伟大政治家。罗斯福启动了曼哈顿计划，肯尼迪批准了阿波罗登月计划，克林顿大力推动了人类基因组计划。政治家们的职责，除了推动社会经济的发展外，对社会的推动应该是一种全方位的推动。如果在这个推动中缺乏科技这样一个大的领域，少了作为第一生产力的人类活动，对于一个政治家来讲，应该说他是有极大的缺陷的。因为今天在座的也有政治家，所以把这点讲出来，希望对我们的领导有借鉴作用。

基因组计划是一个基石，这个基石对生命科学、医学、社会、法律、经济等新的大厦的形成产生了极大的全局性的奠基性作用。人类基因组计划开创了基因组时代。基因组计划从1990年开始。经过六国科学家十多年来的共同努力，在2003年，六国首脑宣告人类基因组计划正式完成。据基因组计划的倡导者、2002年诺贝尔奖获得者布勒呐(S.Brenner)说，人类基因组计划就像将人类送上月球(因而被称为“生命登月计划”)。要登上月球是相对容易的，但回到地球却要困难得多。就这点我再插几句闲话。袁家军是我们“神舟”五号飞船的总指挥，我们同年获“中国五四青年奖章”，都是1962年出生的。在一次会议上，他就跟我谈起飞船发射时他最担心的是什么。他说最担心的不是发射不出去。发射出去，现在的技术是比较成熟的。最难的是收回来。能不能回来？回来(人、船)安全不安全？能不能定点(时、空)回来？所以人们说登月是容易的，但是返地是不易的。实际上不仅他的体会如此，詹姆斯·沃森也说过类似的话：人类基因组计划是将人类送上月球，将人类送上月球是容易的，困难的是如何让它再回到地球。所以现在重要的是让基因组计划“返回地球”，让其成果造福于人类。

在20世纪90年代初的时候，我们一直预期“人类基因组计划”完成以后，人类生老病死的一切奥秘就会随之揭开。那个时候人类的医学就会有极大的发展与进步。现在说实在话，医学确实有很大的进步，但是离我们原来“完全地洞悉人类生老病死的奥秘”的预想，还有非常大的距离，还有很大的障碍。一个很重要的问题是：“人类基因组计划”当时希望揭示人类所有的基因。但是后来发现，人类基因组就像一部天书。我们可以把这个天书印出来。但是要读懂这本天书，解读这本天书，却是非常重大的挑战。其中很重要的一点是：基因组的序列图不等于基因图。至今人类大概有三分之一以上的基因没有被确认，也就是说只是推测的，另外可能还有大量基因全然不知。我们知道95%以上的基因是编码蛋白质的，因此，如果要确认基因，必然要回到它们的产物蛋白质。在这样一种时代背景下，人类再次认识到蛋白质是非常重要的。而面对着成千上万的蛋白质，我们人类有两种方式去研究：一种就是钓鱼的方式，一个个地钓，这种钓鱼的方式在蛋白质的经典研究中已经应用了一个多世纪。历史上，蛋白质的研究早于基因的研究，早于核酸的研究。那是从17世纪开始的，零星研究甚至更早，第一个酶（也是蛋白质）的发现实际上是16世纪的事情。人类“钓”了这么多年，实际上了解的蛋白质种类仍然非常之少。面对数以万计的蛋白质，如果再继续这样“钓”的话，耗时还得上百年，很显然是“少慢差费”。“人类基因组计划”给我们提供了另外一种研究模式，这就是“大科学”的研究模式，这种模式就是“一网打尽”、“竭泽而渔”的方式。正是基于这样一个追求，2001年《自然》、《科学》杂志在公布“人类基因组”草图的同时，两本杂志不约而同地发表了著名的评述“现在轮到蛋白质组”、“基因组大地上的蛋白质组”。一致指出没有蛋白质组的进一步解读，基因组就只是一堆原始数据，从基础研究上很难推动未来生命科学的发展，从应用上也很难造福于人类自身。所以从这个角度，基因组学的大家们齐声呼唤蛋白质组时代的到来。

人类对自身的研究经历单个基因、基因组、转录组、蛋白质组、代谢组、相互作用组、细胞/组织结构体系的过程。在这个过程当中我们可以看到，如果不经过蛋白质组,那么这个连续的过程是没法进行的。大家知道,基因组是指生物体所拥有的全部染色体上的所有基因;转录组是一种组织、细胞、生物体所对应的全部RNA;蛋白质组则是指一个细胞、组织或者是生物体所对应的全套蛋白质。中心法则告诉我们,遗传信息是从DNA传到RNA再到蛋白质,即通过DNA转录成RNA,再翻译成蛋白质,最后由蛋白质执行某种功能。既然是这样的话,那么蛋白质组的信息是否可以由基因组和转录组完整预测呢?通过以下简单的事实,我们可以回答:不是的。为什么呢?第一,因为基因和蛋白质并不存在严格的线性关系。而且生物进化程度越高,差别值也就越大。第二,我们知道,mRNA是编码蛋白质的。这个编码的框架我们叫ORF,也叫开放读码框架。但是一个mRNA可以有6个相位,而一个相位就可以翻译出几个ORF,但通常一个mRNA只编码一个蛋白质。显而易见,根据mRNA序列所能推测的ORF并不能很好地预测相对应的蛋白质。第三,随着基因芯片的问世,我们很容易检测mRNA的水平,但是检测以后发现跟蛋白质的表达水平常常存在较大的差异,而且分化程度越高的细胞或者组织,或进化程度越高的生物,这两者的差别往往就越大。可以看出,mRNA的表达水平并不代表其对应的蛋白质水平。另外还有一些很重要的现象,如蛋白质翻译后修饰、蛋白质水平剪切及其同系物,蛋白质的相互作用等，均难由基因组和转录组序列信息完整预测。通过最近这几十年生命科学的发展，人们越来越清楚地认识到生物过程往往不是由某一个蛋白质来实现的，而是由一个链、由一个网、由一个我们叫“pathway”或者叫“network”的蛋白质群体的相互作用来完成的，也正是这样，才使得生命过程变得如此的高效、可控。而这些现象也是难以从基因组和转录组序列信息中进行分析的。

从发育上讲，我们都来自于一个叫受精卵的单细胞，由一个细胞发育成一个由大约10^{12}细胞组成的完整个体。在发育成熟以后，我们不同的组织、不同的细胞，它的功能是不一样的，当然形态上也是不一样的。但是非常有意思的是，从一个细胞到这样一个成体，在空间上不同的组织细胞，它们的基因组是一样的。所不同的是蛋白质组。举个显而易见的例子，蝴蝶和它的蛹，这两者的形态具有非常大的差别，但是它们的基因组是一样的，所不同的是它们的蛋白质组。蛋白质组的可变性和动态性正好明显地体现于这样一个细胞分化的过程和整体发育的过程。也就是说，这样一个重大的生命过程和现象，是需要通过蛋白质组来认识的，而难以通过基因组来研究。我们再举一个进化的例子，人类美丽的代表蒙娜丽莎与一只非常漂亮的白鼠相比，其形态差别是非常之大的。这点大家一眼就可以看出。但是，它们基因组的大小差异仅为5%左右,基因组的序列因为有一部分重复而只相差1%左右。最新公布的人跟大猩猩基因组的差别,比我们刚才说的更小。但是我们很清楚,大猩猩和人实际上差别还是很大的。同样,从大肠杆菌到啤酒酵母,从线虫、果蝇到鱼,我们可以看到它们形态、复杂性上的明显区别,但是基因组上的差别却远小于此。

问题何以如此呢?原来人们希望从基因组上去找到进化的依据,但是后来发现这个差别却如此之小,人类理性受到了一种挑战,就是说如果以基因组来解释进化程度的差别的话,很显然遇上了非常大的困难。所以这里我引用了一个成语:“失之毫厘,差之千里。”何以能够“失之毫厘”,而导致相差千里呢?这里面必须要有个放大作用。而这种放大作用来自哪里呢?我们来作一个初步的分析。生物蛋白质数的差别大概是基因数差别的三个数量级左右,也就是说可以进行千倍甚至万倍左右的放大。正是因为这样,原来人们普遍寄希望于通过基因组来解释这个巨大的差别,显然是不合适的,因而必须从一个新的方向来对它进行认识。我们知道万花筒在较少的要素下可以变幻出很多种图案,而“生命的万花筒”更复杂、更多样。

我们刚才说人们寄希望以蛋白质组来解释这个复杂性。我们先从理论上分析是否存在这种可能性。答案是可以的。基因是编码RNA的，RNA呢，可以再进一步地编码蛋白质。这里我作一个极端的假设：蛋白质序列不改变，也就是说，在它所对应的转录组信息和基因组信息完全一样的情况下，蛋白质通过以下这些机制可以导致几个数量级的改变。大家知道当一些重要的蛋白质，它分别处于细胞质、细胞膜和细胞核的时候，其功能是不完全一样的。通过翻译后的修饰，这个蛋白质也会呈现很大的多样化。蛋白质通过剪切、拼接，可以产生大量不同的变异体，像肿瘤基因，或者肿瘤抑制基因，很多都有这样的拼接。另外蛋白质空间构象的改变，也会导致生命活动的巨大改变，就像大家现在都知道的疯牛病、老年痴呆症均与蛋白质的错误构象形成而非序列的改变（致病蛋白与正常蛋白序列完全一样）有关。当然蛋白质及其功能的多样化还可源于刚才我们提到的蛋白质相互作用。蛋白质作用的对象不一样，最后产生的作用是不一样的，它的功能也会不同。把上述多种可能的变化组合起来，远远超过了10^3。所以说即使在基因序列、转录本序列完全一样的情况下，蛋白质组可以呈现至少三个数量级之多的变化或多样化。打个也许不是完全对应的比方，人类在地球上看月亮状态千姿百态的变化，产生了很多美丽的诗篇。其间月亮的物质结构、组成没有改变，只是它的状态不同，因此形成了地球上的潮汐，就是潮涨潮落。所以说，当物质结构本身没有改变的时候,实际上是可以通过一系列的后续改变而产生大量的功能上、形态上、状态上的改变。从这个角度上讲,我们说蛋白质即使在序列——一级结构(由基因、转录本决定)上不发生变化,也可能发生功能状态上的广泛变化及呈现多样性。当然还有蛋白质功能的群体性和整体性。中国有句成语叫做“盲人摸象”,我们即使对某一特定生物系统的每一组分都可能进行过研究(实际上许多生物系统的大部分组分我们并不清楚),也不能形成一头完整的大象。要形成一头完整的大象,必须形成一个整体的架构,必须完成整合性的过程。此前,你可以根据你摸到的不同的地方、不同的组分,而认为它(们)是风马牛不相及的东西。这也就是我们要进行整体研究的必要性之一。

通过这么多的分析,可以说生命体的统一性确实源于基因组,但是生命体的多样性、复杂性、功能性、表型却无疑基于蛋白质组。由于时间关系,这里我就不再展开讲了。蛋白质的研究实际上有多种不同的内容,包括它的确认、定量、定位、修饰、相互作用、活性、功能等等。人类对自身的系统了解,相继经历了16世纪意大利科学家维萨里等建立的人体解剖学、19世纪的组织学、19—20世纪的细胞学,以及近来的人类基因组计划。它们构成了近、现代医学的基础。这是一个还原论(Top-down)的发展历程,而其还原的终点应是人体各层次的构成要素——蛋白质。而其系统的揭示需要一个类似于人类基因组计划的人类蛋白质组计划。仅此，人们只看到了组成人体各个层次的组分，而未看到整体，因此必需一个逆向的系统综合(Bottom-up)过程，而其起点还是人体各层次的构成要素——蛋白质。由此可见，人类对自身系统解剖的新任务是全面解析人类蛋白质组，它务必形成人类解剖学的一座新的里程碑和未来系统整合、综合的奠基石。

我们再看看分子医学的发展历程。前些年，在单基因的研究方面，就是在对遗传病的研究方面，中国在*Nature Genetics*上发了好几篇论文。第一篇是以湖南医科大学(现在叫中南大学)的夏家辉教授为代表的，后来又发表了一系列文章。这些都是基于单基因的研究，这些遗传病所涉及的基本都是单个基因和单个蛋白质异常。人类确确实实通过这种研究极大地充实了对遗传病的认识，使遗传病发病机制研究得到了极大的发展，同时也导致这些疾病的基因诊断和基因治疗的问世。但是对严重影响我们人类健康的疾病，比如恶性肿瘤、心脑血管疾病等这样一些复杂、多基因疾病的研究，一直没有获得突破。实际上，其中一个很重要的原因很可能就是这些病所涉及的不是单个基因或单个蛋白的异常，而是涉及基因群、蛋白质群，甚至是整个蛋白质组的改变与异常。所以从这个角度来讲，我们过去只是基于这种单方面、单因素去进行研究，就像刚才说的盲人摸象，只是摸到某一（些）部分，根本不能形成对大象整体的了解、甚至文不对题、风马牛不相及。在这种情况下，当然也就很难实现相应诊断和治疗的突破。

另外，中国加入WTO以后，面临的一个重要问题就是缺乏具有自主知识产权的技术与产品。新药研发过程中，药物靶标是非常重要的。据WHO公布的数据，人类最重要的疾病可能是100~150种。每一种疾病相关的基因大概是5~10种，每个基因相关的蛋白质3~5种，因此在人类蛋白质组当中可能存在的药物靶标大概是3000~15000万种。但是非常有意思的是，人类有史以来的创新药物大概是2000种。而在这2000种中，85%是针对目前已知的500种左右的蛋白质。也就是说还有6~30倍的药物靶标存在于人类蛋白质组中，而未被发现。为什么？就是因为这500种药靶就像游在浅水中的鱼，它很容易被钓到，而在深水里头、甚至是不在这个鱼塘里头的很多鱼用经典的方法是较难钓到或根本钓不到。所以从这个角度来讲，还有大量的药物靶标，等待人类用更新、更有效的方法、技术去发现。

从以上简单的分析可以看出，人类基因组序列需要基因的注释，需要从其产物——蛋白质组去确认；探索生命奥秘必须回到功能的执行体——蛋白质组；全面揭示重大疾病发生、发展的机理必须从蛋白质的整体——

蛋白质组出发;人类蛋白质组是发现大量新型药靶的源泉。因此,我用一个词——VIP小结。VIP的通常意思大家都知道,但是我赋予它一个新的含义,就是"Very Important Proteome",这就是人类蛋白质组。所以希望大家将来碰到"VIP"的招牌时,你们会想起"人类蛋白质组"。

通过上面的分析,我们说,启动人类蛋白质组计划势在必行。

二、"人类蛋白质组计划"的目标和意义

人类蛋白质组计划的主要科学目标,我想首当其冲的就是解读人类基因组"天书",应当说这是一个时代的重大使命与命题。另外,我们必须为人的生理学和病理学提供这个时代的最新注解,也就是要提供它的蛋白质组的基础,人体生理学和病理学的蛋白质组基础。这应该构成人类蛋白质组计划的时代任务和时代贡献。这一点是我在国际上首先提出来的,起初引起了一场论战,现在已基本形成共识。此点下面我还会提到。我们前面提到了人类基因组计划,它是按照染色体来做的,国际上也按此分工。我们人类有着46条染色体,共23对,其中22对是姊妹染色体,性染色体包括一个X、Y。所以人类基因组计划是按照24条染色体来做的。如果

说人的基因组最后形成一个鸿篇巨制的话,则它是由24章构成的。每一章就是一条染色体。

那么,"人类蛋白质组计划"怎么做呢?实际上在酝酿之初有非常大的争议。其中一次论证是在2002年,当时是在华盛顿,在美国的国立卫生研究院。当时我也参加了这个论证。在论证过程中,我提出:我们必须有一种战略的分工和这种战略任务的分割。如果没有战略任务的分割,这个大的计划就是一盘散沙,是构不成一个重大的国际战略计划的。怎么进行分工呢?我说,借着人类基因组计划的先例,它按照染色体分,那么实际上我们人类的蛋白质组计划应该按照器官组织来分。这个是什么规模?组织的细胞类型大概是1000种,这是组织类型,器官就没有这么多了。这样一个分工策略在2002年虽然争论得很厉害,从华盛顿争到凡尔赛,争到北京,然后再争到蒙特利尔,后来是在德国慕尼黑,一直在争,但是这样一个概念实际上已经基本被接受了。现在国际上基本上是按照这个方式来进行的,当然还有少部分的科学家还在坚持他们自己的观点。

"人类蛋白质组计划"中,血液蛋白质组计划由美国领衔,肝脏蛋白质组计划由中国领衔,脑蛋白质组计划是德国领衔,抗体计划是瑞典领衔。另外生物信息学对基因组计划很重要,对蛋白质组计划同样重要,甚至更为重要。欧洲的生物信息学研究所承担了这样一个任务，他们称之为“蛋白质组标准化计划”。当然目前实际上还有两个计划，一个是由加拿大牵头的作为模式动物的啮齿类蛋白质组计划，另一个是由日本人牵头的疾病糖蛋白质组计划。现在应该说，基本上是七个大计划。但是我认为比较经典的和将来真正能形成对未来比较大推动并留给历史的应该只是前五个计划。

三、我国在“人类蛋白质组计划”中的作用及可能的影响

如前所说，我国领衔的是“人类肝脏蛋白质组计划”。为什么要首先研究肝脏呢？外国人对这个问题可能需要讨论，在中国我想这个问题不需要讨论。但是作为一个国际计划，需要国际上的广泛参与与合作。为了让西方人也乐意做肝脏，在国际上论证的时候我引用了一个在西方家喻户晓的古希腊神话——“普罗米修斯”的故事。这个神话表明他们在几千年前，就已经认识到了肝脏是可以再生的，拉进了他们与肝脏的距离。另外，我们还强调指出，任何一个体系都有三个要素：一个是能量，一个是物质，一个是信息。肝脏是人体最重要的能量中枢，是人体最重要的物质代谢中枢，当然也是一系列信息分子的合成中枢，所以从这个角度上来讲，从这三大要素上来讲，应该说肝脏是人体中一个非常重

要的器官。

我还想简单地讲一讲，就是随着人类的进化，人类实际上丢掉了许多基因，因此人类所需的许多养分不能自行合成而主要靠食物补给，在这种情况下，我们的食物对于人体是非常关键的。食物最后走向了三个方向：一是营养物，二是药物，三是毒物。决定这三种方向的核心要素是肝脏。肝脏承担着机体的生物转化的功能。我们人类的文明给自己创造了一个很大的空间，其中就包括人类产生的一系列化合物。在这些化合物当中，大约有1万多种作为食物和药物制剂被摄入体内，其余的5万种左右成为潜在的环境污染。面对如此大的挑战，人类的肝脏究竟有多大的承受能力，有多少种物质能够代谢，到底什么样的物质代谢成为药物，什么样的物质代谢成为营养物，而有些可能代谢成了毒物？对于这些问题，如果没有基于对人类肝脏机制的全面了解，还去产生一些化合物，那么人类就很有可能毁在我们自己手上。所以从这点来讲，对肝脏的了解，对肝脏物质代谢的了解，对于我们自身应对科学技术所产生的一系列的人工化合物，有着无以替代的作用。

还有一点非常重要，我们知道免疫系统对人体非常重要，它是我们的天然屏障。而免疫系统源于造血系统。造血系统来自哪里？我简单介绍一下，在胎儿时期，造血系统从胚外的卵黄囊迁到肝脏，经过肝脏微环境的培育，最后再迁到骨髓里面去，迁到淋巴结里面去，才能发挥作用。如果它没有经过胎儿肝脏的培育，造血系统将没有功能。造血系统没有了，人体的免疫系统也就没有了。所以对于人类的造血系统和免疫系统而言，肝脏也是不可或缺的。

当然还有一点，大家可能知道，我们人体当中的血液对人体非常重要。而人体血液中的蛋白质绝大部分是由肝脏合成的。不单是结构蛋白质，包括血液中很多重要的功能蛋白质，都是在肝脏中合成的。

还有一点，现在“再生医学”非常时髦。刚才我提到的普罗米修斯神话里讲到肝脏具有再生功能，这是人类第一次了解的能够再生的器官。也正是基于对肝脏的了解，对肝脏再生的了解，人类再生医学才能够从零开始。肝脏是再生能力最强的器官，肝脏还是终生保持旺盛再生能力的少数器官之一。因此，再生医学发展得最好的模型至今还是肝脏。

所以说肝脏具有重要的代谢作用、营养作用、药理作用、解毒作用、再生作用。这也就是说肝脏存在一系列非常重要的功能蛋白质群。通过对这些肝脏功能蛋白质群的研究，有助于我们对这些“作用”的蛋白质组的了解。

我们知道，肝炎的流行是中国的国痛，发病人数及携带者均超过世界的一半以上（而中国的总人口只占世界的1/6到1/5)。当然作为国际计划,我们在这里首先说的是全球的流行。肝炎向肝癌的恶性转化,目前仍然是难以遏制的。另外,肝癌的全球流行,也是一半以上在中国,而肝癌的治疗水平还有待突破。应该说我们对肝炎的了解和肝癌的研究已经是非常之多了。但是经过了这么多的研究以后,我们仍然对它即便不是束手无策,也确实没有重大的革命性突破。为什么?还是回到这个问题:它是一个多因素、多步骤的发展机制。我在2001年申请"973"项目时提出,其根本解决很有可能要从蛋白质组层面上来全景式地揭示肝脏疾病的发生发展机制。这才可能是解决重大肝病的主要途径或根本途径。正是基于上述分析,我们在2002年提出肝脏应该是人类蛋白质组计划的首批目标。

我在此简单说一下普罗米修斯神话。根据希腊神话,普罗米修斯是一个神话人物,他将圣火盗取来以后送给人间,人间才有了天火。火对人间是非常重要的。但是由于他从神界盗取了天火,所以主神宙斯就惩罚他,把他绑在阿尔卑斯山上,然后让鹰每天去叼他的肝脏,以惩罚他。这里面应该有一个逻辑前提:鹰每天都叼这个肝脏,他必须不因此而死,得继续接受惩罚,所以肝脏必须再生。这就是说主神知道肝脏是能够再生的,所以每天让鹰去叼取他的肝脏以惩罚他。多少年后,来了一位叫艾瑞克斯的英雄射杀了这只鹰,解放了他。我们作了一个类比，我自己觉得比较贴切。肝脏对人非常重要，它将食物转化成营养物，转化为能量。这就像普罗米修斯盗取天火给人间一样。但是肝脏正是由于此种重要的功能，因此才容易遭受到多种毒物、异物的毒害、感染、污染（类似于叼肝的鹰），因而非常容易罹患疾病。我们非常希望肝脏蛋白质组计划能够成为艾瑞克斯似的英雄，将人类从肝脏疾病中解脱出来。所以我们说，要谱写现代的普罗米修斯神话。

我下面简单介绍一下肝脏蛋白质组计划。首先我们希望能够提供肝脏的“生理组”（physiome）和“病理组”（pathome）。同时，作为第一个人体组织器官的蛋白质组计划，我们非常希望为其他组织器官的蛋白质组计划提供一种模式、参照。所以我们要有更大的追求，不能仅仅是做肝脏蛋白质组计划，还要为整个人类蛋白质组计划开辟一条史无前例的路。这是我们当初就追求的。所以我们做了一系列的努力。这里我就不再细讲了。我们所确定的它的科学目标就反映出了我们这样一个理念，一个境界和追求。就像当年的经典力学全面系统地揭示了太阳系所有星球的运行规律一样，我们非常希望这样一个计划能够全景式地揭示与肝脏相关的蛋白质组特征与规律，包括它的表达谱（所有组分及定量）、修饰谱（所有修饰类型及位点）、连锁图（所有相互作用及网络）、定位图（所有空间分布及转位、运输）。当然还有支持此计划的转录组、样本库、抗体库、数据库，以及肝脏的"生理组"(代谢组-metabonome、能量组-energome、毒理组-toxicome、药理组-pharmacome，等)与"病理组"(再生组-regenome、肝炎组-hepatitome、肝癌组-hepatome，等)。它们系统构成了肝脏蛋白质组的"太阳系"。这实际上体现了我们的一个理念。

在我们之前，国际上已经在酝酿人类体液的第一个蛋白质组计划，即"人类血浆蛋白质组计划"。有意思的是，血浆里面绝大部分蛋白质是来自肝脏的。肝脏的转录组如果是清楚的，那么实际上通过比较这三者，尤其是肝脏的蛋白质组和血浆蛋白质组，就可以揭示大量的规律。这样一来，他们正酝酿的计划就成了我这个计划的分部。当然我们不是为了简单的统一，而是要从学术上搞清楚，为什么一些蛋白质能够留在肝脏，而另一些蛋白质到血浆里面去。从应用上，我们知道，血液诊断是比人体组织的诊断更容易的。要取一块肝脏，对病人来说是非常困难的；而取一毫升血，要相对容易得多。所以对人类肝脏疾病的诊断，如果能做到不需取肝脏组织，而是通过血浆就可以进行诊断，自然会有很好的应用前景。当然我们时刻没有忘记：蛋白质组计划必须回到这个时代最大的命题——基因组的注释和确认。肝脏可以说是人体除了大脑以外转录、表达基因最多的组织器官。所以如果说肝脏表达的基因和蛋白质被确认了，那么实际上人体内绝大部分的基因和表达的产物基本就确认了。所以在这个基础之上，我们希望对整个人类基因组的注释能够做出重大贡献。另外，从理念上，还希望对基因表达的群集调控基本规律有一个根本的认识。过去只是个例的认识，我们希望通过肝脏转录组、蛋白质组的严格对照研究，提供一种前所未有的整体规律性的认识。至此，我们所确定的战略目标是：建立完整的肝脏蛋白质组学术体系，为人类其他相应组织器官的蛋白质组计划提供模式和示范。同时实现肝脏的转录组、蛋白质组和血浆蛋白质组对接和整合，全面验证基因组计划所推测的基因、系统解读基因组。

当然我们想建立肝脏的生理组和病理组，从而为未来肝病预防、诊断和治疗提供新的思路、方法技术和新的药物，以及新的能用于肝脏以外其他系统、组织器官疾病的新型药物。我国有1亿多的乙肝病毒携带者，这还只是乙肝的，再加上丙肝和其他肝炎，实际上已经远远超过了这个数，每年直接的医疗费用上千亿。2001年，这个费用约占国民生产总值的1%。这不仅严重地影响了我们人民的健康，实际上也严重制约了我国社会经济的发展。所以我们希望通过系统的科学技术的攻关，帮助我国甩掉“肝病大国”的帽子。以上是当时我们所确定的具体目标。

人类蛋白质组研究已经成为国际生命科学的战略

制高点，人类蛋白质组已经成为新世纪最大的战略资源之一，对蛋白质组有限资源的争夺，已成为新世纪各国角逐的主要战场。“人类蛋白质组计划”是21世纪第一个重大的国际合作计划。“人类肝脏蛋白质组计划”是第一个人类组织器官的蛋白质组计划。当我跟科技部汇报以后，科技部告诉我，这是我们中国领导的第一个国际计划。对这个计划的成功领导将为未来我国领导更多、更大的大型国际合作计划积累宝贵的经验和国际信誉。

2003年4月14日，人类基因组计划发布了《人类基因组联合宣言》。六国政府首脑宣布：“我们六国科学家已经完成了人类生命的分子指南——包含30亿个碱基的人类基因组的关键的序列图。”中国作为唯一的发展中国家，参与了这个计划。虽然做的只是1%，但是应该说具有重大的战略、历史意义。北京和上海成立了一个联合团队，承担了计划的1%。当时杨焕明教授说了三句话，对我的触动很大。他说：“我们赢得了基因组，我们赢得了机会，我们赢得了朋友。”但是我觉得更重要的是，我们赢得了国际的尊重。也正是受到了他的启发，我觉得中国可以为世界做更多的事情。2002年，我们第一次组团参加了国际人类蛋白质组组织（HUPO）主持召开的会议，讨论、酝酿国际人类蛋白质组计划。在这个会议上我们报告了中国的人类蛋白质组研究，然后提出了人类蛋白质组计划的科学目标。而且倡导了人类肝脏蛋白质组计划。其中,最重要的就是明确提出了人类蛋白质组计划应该高举什么样的旗帜,应该解决什么样的重大科学问题。在当时,是我第一次提出了这样一个科学目标,应该说引起了世界范围的争论,但在以后的几年里逐步地被HUPO组织与国际的学术界认同。现在它们已作为重要的战略目标加以确认,并基本上按我当时提的建议来实行。

那次会议之后,国际组织提出中国能否在半年内主办一次蛋白质组计划的国际研讨会。经与科技部、国家自然科学基金委、北京市科委、总后勤部等紧急协商,一致认为机不可失,最后同意在北京香山饭店举办此次会议。这个会议大家别小看,正是由于这个会议,我们才有了后来的一系列事情。参加这次会议的16个国家和地区的102位科学家都知道这是一次非常重要的战略行动。有很多国家没有参加基因组计划,但是在蛋白质组计划中他们跃跃欲试。当时的争议是非常激烈的,但是我们做好了充分的准备,不仅会前紧急成立了一个中国人类蛋白质组组织(CNHUPO),而且也请到了我们国家科技主管部门的主要代表。我们希望向与会专家传达这样一个意思:中国科学家提出的这样一个建议,得到了中国政府的巨大支持,这是中国政府的战略行动。所以请你们放心,有中国政府的支持,中国科学家的一切承诺都会兑现。

这个会议开始没有安排我们大会发言，只是安排了一个小组发言。我们后来提出，能不能给我们15分钟时间来发言。实际上在2002年NIH那个会议上，就是我们提出科学目标和肝脏蛋白质组计划的那次会议，大会发言机会也是我们争取来的。开始也只是安排一个分会发言，但是后来我们提出：中国非常想让世界知道我们在蛋白质组研究方面已经形成了国家性的部署，而且我们有着更重要的战略计划，希望能够在大会上给我们机会。后来给了我们3分钟时间，接着日本、美国、法国、德国、加拿大都要讲，最后就是每个国家都讲3分钟。这次香山会议开始也是没安排各国发言，都是分会讲。但是后来我们争取说：能不能给我们一个机会，利用会议的间歇时间讲15分钟，讲未来的人类蛋白质组计划究竟怎么做。人类肝脏蛋白质组计划（Human Liver Proteome Project, HLPP）应该回答五个大问题。我们互联网只有三个“W”，但是我们这个计划、我回答的问题，是五个W：为什么做（Why），做什么（What），怎么做（How），什么时间做（When），谁做（Who）。我的报告题目诙谐地定为：WWWWW.HLPP.HUPO。正是由于有了这个争取，后来大会专门在休息的一个小时之内安排了四个国家来讲，一个国家15分钟，其中就包括我的报告。最后大会基本确定：肝脏蛋白质组计划可以先期启动，这是第一。第二，肝脏蛋白质组计划的科学目标可以按照中国提的方案。第三,它的技术策略可主体按照中国的方案做。第四个是建议,建议在一个月后的凡尔赛第一届HUPO大会上讨论这次研讨会的全面方案,建议由中国、加拿大、法国来共同领导肝脏蛋白质组计划,建议由中国的贺福初、加拿大的人类蛋白质组组织主席即现任HUPO的主席John Bergeron院士、法国国家卫生健康研究院Christian Bréchot院长作为主席候选人。上述建议在凡尔赛会议上讨论通过。香山会议形成的这样一个基本的决议,应该说奠定了我们后来的基础。4月份在NIH曾提出基因组计划有三个里程碑,当时我提出人类蛋白质组计划应该有四个里程碑,就是"两谱(表达谱、修饰谱)、两图(连锁图、定位图)"。我要客观地告诉大家,这四个里程碑,即两谱两图的概念现在并没有被全体的HUPO理事接受,但是我可以非常高兴地告诉大家接受它们的人越来越多,而且国际人类蛋白质组计划正按照这个方向走下去。这个贡献我们希望能够是历史性的。

2002年11月,也就是我们开过香山会议之后的一个月,在凡尔赛召开了第一届HUPO大会,其间理事会审议并同意先期启动人类血浆和肝脏蛋白质组计划(这是人类蛋白质组计划首批启动的两个分计划,分别代表体液、器官)。然后由血浆蛋白质组计划的执行主席、美国科学促进会(相当于中国科协)主席Gil Omenn教授和我代表两大计划向全会报告。法国国家电视台采访报道了这次会议。会议正式通过中国、加拿大、法国作为这个计划的执行主席,我作为第一执行主席。

在蒙特利尔会议及第二届HUPO大会上,由于我们的贡献,后来正式确定中国作为唯一的牵头国,我个人作为唯一执行主席来领导这个计划。在这个计划里,中国、加拿大、法国是核心。后来有一系列的参与国家,目前已经到了18个国家和地区。

第三届HUPO大会在北京举行,这是HUPO大会第一次在亚洲举行。我们设计会议标志时,用了黄色作为底色,用长城演化出一个非常意象的DNA双螺旋,长城上升起的一轮红日是蛋白质结构,它的结构是用我们的龙来示意,龙在长城上翱翔。太阳的中间部分有点类似我们的八卦,这就是蛋白质相互作用的连锁图。一个是DNA的结构,一个是蛋白质相互作用的连锁图。什么含义?就是在DNA世界上,升起了蛋白质科学新的世界;在中国的长城上,升起了未来的生命科学之星、未来的生命之日,这是龙翔的天空,这是蛋白质组的世界。这就是我们当时设计这个大会标志的一个基本理性追求。

我们从来没有组织过这么大的队伍,有100多个实验室参与的大计划。科技部告诉我们,现在参加的实验室数目已经接近了当初“两弹一星”单一项目的实验室数目。当然我们的水平和国家投入都没达到这个层次。科技部给我们提出：你们一定要发扬“两弹一星”的精神，发扬钱老（钱三强、钱学森）这些前辈科学家的精神，为真正的国计民生、为真正的国际地位，发出你们这一代的声音。

2002年10月，国际上在中国香山论证并通过了肝脏蛋白质组计划的整体方案。我国科技部2003年4月5日组织论证了“中国人类肝脏蛋白质组计划”。论证的前一天晚上竟然下了一场雪。四月份下雪，在北京是很罕见的。当时我就跟我们的团队开玩笑说，这就叫“石破天惊”，我们在做前人没有做过的事情，我们的精神感动了“上苍”，“老天爷”也给了我们相应的回应，我们应该牢记在心，这是“天意”对我们的一种肯定、一种激励。还非常巧，就在论证的前一天，我在*China Daily*上看到一段话：“我们常被告之，精英可以自身创造机会，但是某些时候，强烈的愿望不仅能产生机会，而且还能产生精英……我们要想成为世界上某一方面最好的，是需要天赋的，但是我们可以通过努力，即使不能成为世界上最好，也可能成为世界上最好之一。”这段话被我第二天用作论证报告的结尾，我觉得《中国日报》上的这段话，好像就是写给我国生命科学界的，就是写给我们这个蛋白质组计划的。所以在这里我把这段话献给大家。

我们一直以“两弹一星”作为我们这代人的精神支柱。当时在国家经济那么困难的条件下，在我国的科学技术那么薄弱的情况下，我们的前辈还是成功地研制出了“两弹一星”，奠定了我们国家的国际战略地位。我们这一代人目前所得到的无论是社会上经济上的支持，还是科学技术的积累，应该说，都远胜于昨天。假如我们不能比前代人做得更好，我们就是愧对中华民族、愧对这个时代。我们应该将“两弹一星”这样的历史丰碑时刻树在心中，指引我们的求索、照亮我们的征程。

致谢：感谢中国科学院院士工作局的同志精心组织“院士之行”活动；感谢郑俊杰、高雪同志对文稿的再次修改；感谢所有支持、帮助、参与“人类肝脏蛋白质组计划”的领导、专家、同学们！感谢国家科技部、国家自然科学基金委、北京/上海市科委对此领域的资助！

◀诺贝尔化学或生理学奖奖章（反面）

▶诺贝尔化学或生理学奖奖章（正面）

◀美国国家科学院为表彰在遗传学领域作出突出贡献的学者设置的金质奖章。奖章上的四个人物分别是达尔文、孟德尔、贝特森、摩尔根

漫谈生殖的奥秘

刘以训

一、人类生殖的主要过程或环节

二、辅助生育技术及其伦理学问题

三、克隆人和治疗性克隆

四、人类生殖研究发展方向和面临的主要科学问题

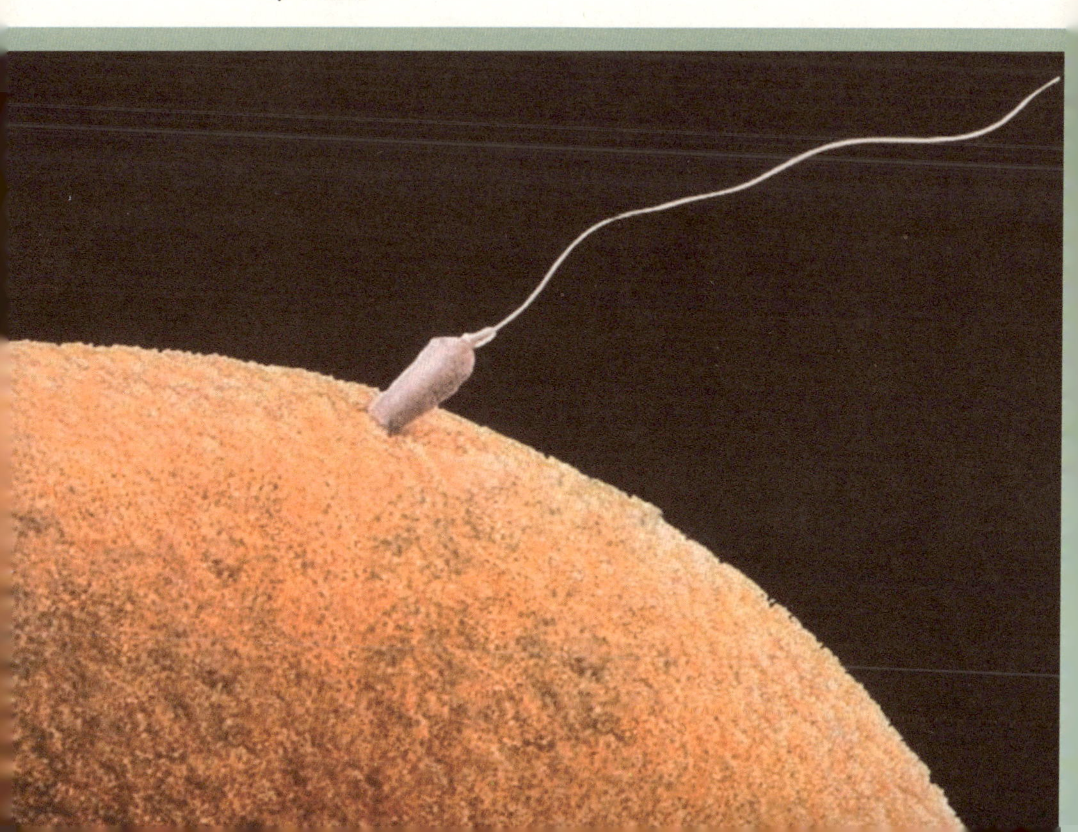

【作者简介】刘以训,1936年10月出生于山东省安丘市。1963年于上海复旦大学生物系人体及动物生理专业毕业,1963—1966年在北京中国科学院动物研究所读研究生(生殖生理专业)。1966—1972年在北京中国科学院动物研究所内分泌研究室任实习研究员。1974年4月—1975年12月赴英国伦敦帝国肿瘤研究所激素生化实验室进修。1975—1984年任中国科学院动物研究所内分泌研究室助理研究员,研究组长。1984年3月—1986年12月在美国加州大学做生殖医学访问学者。1987年1月

—1988年9月任中国科学院动物研究所生殖生物学开放实验室副研究员，研究组长。1988年9月—1989年5月任瑞典Umea大学细胞分子生物学系客座教授。1990年3月—1991年4月任瑞典Umea大学细胞分子生物学系客座教授。1991年4月任中国科学院动物研究所生殖生物学国家重点实验室研究员，副主任，内分泌研究室主任，研究组长。1992年7月—1992年10月任瑞典Umea大学细胞分子生物学系客座教授。1995年11月—1997年11月任英国Leicester大学客座教授，多次赴英国短期学术交流和合作研究。1999年11月—2001年11月任英国Leicester大学荣誉教授。

刘院士历任职务有：洛氏基金/WHO所支持的六国胚泡着床研究中心中国中心负责人，动物研究所学术委员会副主任及所职称评审委员会主任；内分泌研究室主任；生殖生物学国家重点实验室副主任和学术委员会副主任，性腺生物学研究组长。

1999年当选为中国科学院院士。

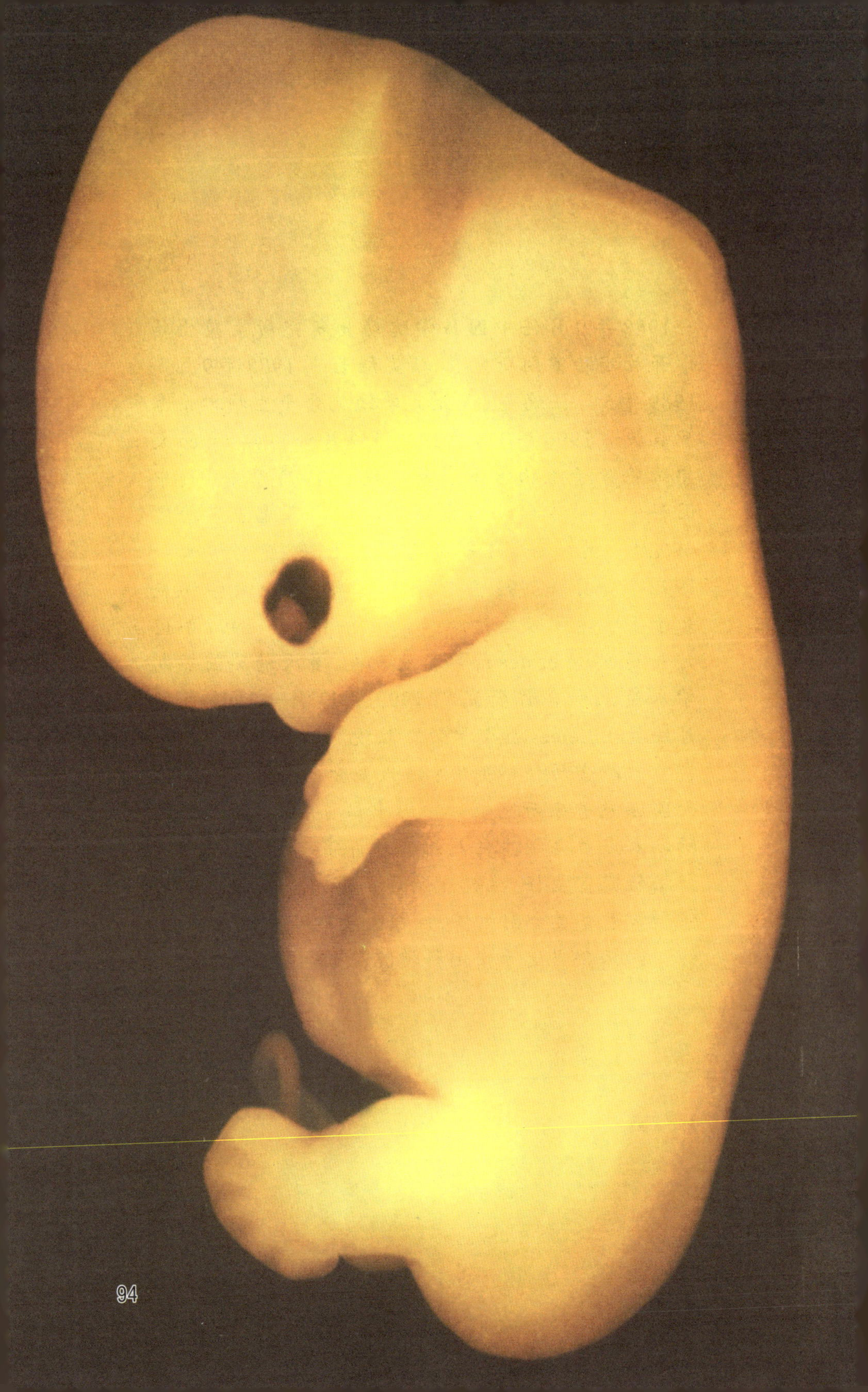

生殖是非常重要的一门人类学科，我们可能好奇地问我是从哪儿来的，怎么来的？这是一个最基本的问题。

生物与非生物的最根本区别就是生物具有生殖功能，能传宗接代，延续种族。没有生殖，生物个体就不能延续，系统进化就不能产生。所以生殖是最基本和最重要的生物规律之一。

动物的系统进化由水生到陆生，由卵生到胎生，由多胎生到单胎生，都体现出动物自我保护机制的更完善化。随着生物的进化，出现了两种不同的复杂生殖器官，即产生卵子的卵巢和产生精子的睾丸。生殖器官是繁衍后代的物质基础。

一、人类生殖的主要过程或环节

1. 人类生殖系统的主要生殖环节和调控过程

生殖系统包括男性生殖系统和女性生殖系统。在大脑下部有一个特殊结构，叫下丘脑，它合成和释放促性腺激素释放激素，简称GnRH。在下丘脑下部，有一个特殊结构叫垂体。在GnRH作用下，垂体释放两种促性腺激素：即促卵泡素（FSH）和促黄体素（LH），调控性腺的功能。睾丸除产生精子外，还合成和分泌雄性激素，维持男性的基本性征；而卵巢除产生卵子外，还合成和分泌雌性激素，维持女性的基本性征。所以LH和FSH对男性睾丸和女性卵巢的调节最终结果有所不同。在这两种促性腺激素作用下，分别形成成熟精子和成熟卵子，精卵结合过程叫受精；受精卵在子宫中的植入叫胚胎着床。胚胎在胎盘中生长，发育直到胎儿分娩。睾丸和卵巢分泌的雄性激素和雌性激素还能反馈调控丘脑下部GnRH和垂体FSH、LH的分泌(图1)。

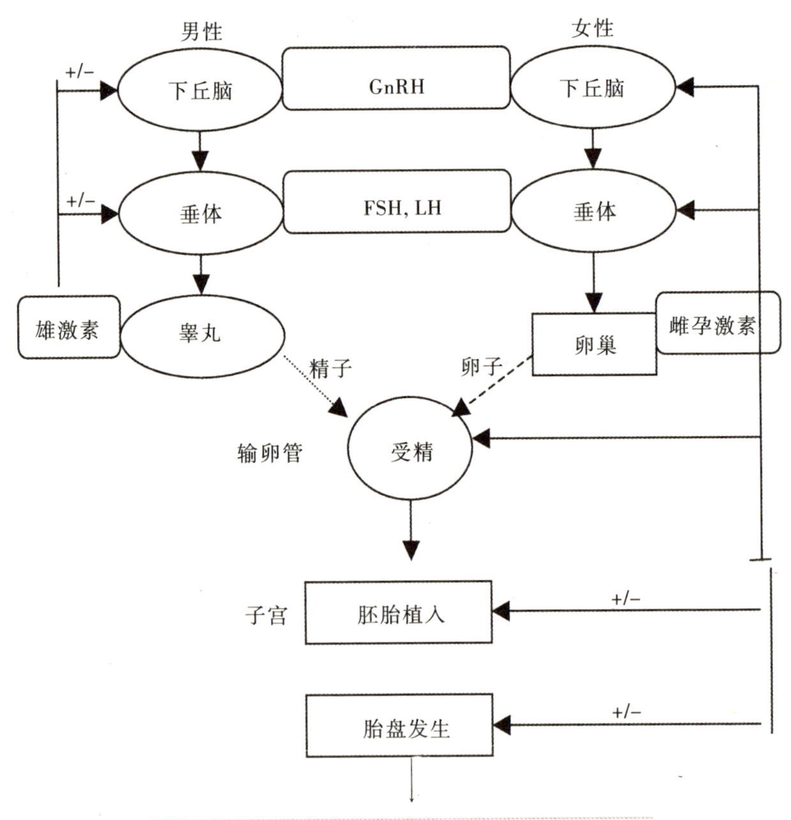

▲图1　人类生殖主要环节及其调控示意图

2. 卵子发生

卵巢是卵子发生的部位。它主要是由数万计的原始卵泡组成。原始卵泡是卵子贮藏的基本单位，每个原始卵泡含有一个卵子和一层卵泡细胞。原始卵泡的生长启动、发育和分化是卵巢生理学中一个非常重要和关键的科学问题。

出生前的女婴卵巢中有大约四百多万个原始卵泡，但到出生后，卵巢的原始卵泡降至大约一百万个以下；到青春期，在开始排卵前，原始卵泡仅剩四万个左右。可以设想，一个妇女一生中排出大约400个卵子，所以99.99%的原始卵泡在其发育的不同阶段，通过卵泡闭索而凋亡。这体现出卵子发生的自然竞争选择和淘汰规律。女孩大约从13岁开始来月经，这意味着卵巢已经有周期性的排卵了。在卵巢内因子和垂体FSH作用下，月经初期大约有15~20个原始卵泡同时开始启动生长，但在一月经周期中，通常只选择一个原始卵泡生长/分化达到优势卵泡阶段，最终引起排卵，而一起生长的其他14~19个原始卵泡在发育不同阶段，通过卵泡闭索而凋亡。这意味着，一个优势卵泡是从15~20个原始卵泡中通过自然淘汰/优选竞争机制而来的。绝经标志着卵巢最后一组原始卵泡排光。人类绝经发生在55岁左右。由此可见，原始卵泡的寿命可长达55年。

科学上，很多问题还不清楚。是什么因素控制原始卵泡的生长启动？为什么在一个月经周期中有些原始卵泡能启动生长，而周围的其他原始卵泡保持静止状态？这些问题到现在还没有解决。

在卵子发生过程中减数分裂是一个重要现象。减数分裂只在生殖细胞发生，即精子和卵子中发生，在其他体细胞不存在减数分裂过程。减数分裂就是由双倍体遗传物质变成单倍体遗传物质的分裂过程。在胚胎时期，原始卵泡中卵子已开始启动减数分裂。卵子的减数分裂终止于出生后。到了青春期，在LH作用下，优势排卵卵泡的卵子重新启动减数分裂，由含双倍体遗传物质的卵细胞，经过初级卵母细胞，次级卵母细胞，两次分裂后，在排卵前成为只含有单倍体遗传物质的卵子（图2）。精子也发生减数分裂，与卵子的减数分裂过程基本相同。

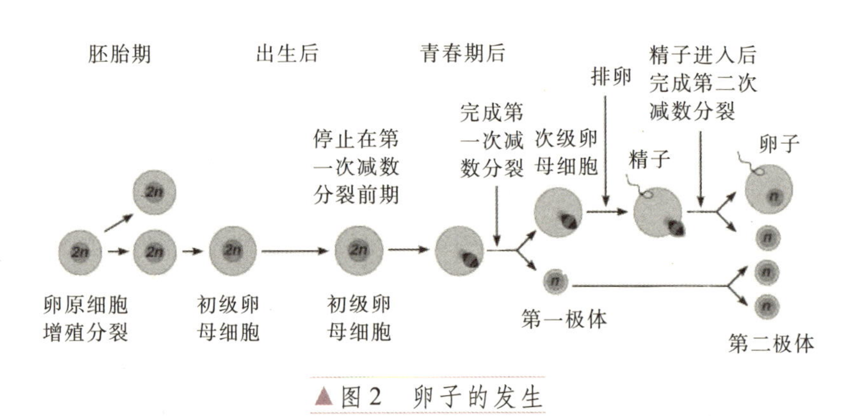

▲图2　卵子的发生

3. 精子发生

精子发生是在比体温低4~5℃的阴囊内睾丸中完成的。隐睾症或睾丸局部热激可诱发生精细胞凋亡,使精液中精子数下降为零。长期在高温下工作的工人,生育力下降,说明温度对精子发生起重要作用,而且是一个可逆的过程。精子发生是一个非常复杂的过程。从精原干细胞有丝分裂开始,到成熟精子的形成大约要经历70天左右(图3)。精子发生与卵子发生不同,精子发生只有到青春期以后才开始启动,而卵子发生在胚胎期就已经开始了。

睾丸是由许多曲细精管组成的,主要含有精原细胞,

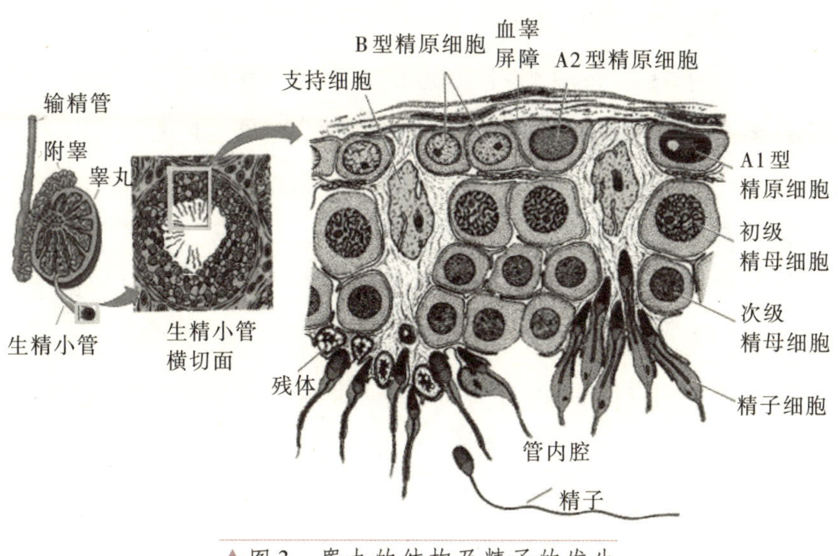

▲图3　睾丸的结构及精子的发生

精细胞,支持细胞和间质细胞。支持细胞与支持细胞间的紧密连接形成了一个紧密的特殊结构,称做“血睾屏障”。血睾屏障的功能是阻止外部血液中的大分子物质进入曲细精管腔内,影响精母细胞的减数分裂和变态过程。精原细胞进行有丝分裂,经过十几个阶段形成初级精母细胞。第ⅡV—ⅢV期,血睾屏障自动开放,初级精母细胞进入曲细精管腔内进行减数分裂和变态过程。精子的减数分裂实际上与卵子减数分裂的概念是完全一样的。

4. 精子获能和受精

精子刚刚从睾丸排出后,不会运动,必须要在附睾中完成成熟过程,使精子获得具备前向运动和受精的潜能。精子在通过女性生殖道的过程中,在阴道上皮分泌的某些化学物质作用下,经历一系列生理、生化变化,才能获得受精能力,这就是获能。在自然条件下,没有获能的精子不会受精。

接下来讲讲受精。精子通过阴道、输卵管,在输卵管的壶腹部与卵子相遇。到达这里的精子数以千计,但只有一个精子有可能被卵子选择,达到受精的目的。这也是一种卵子优选精子的竞争/淘汰机制。当一个优选精子刚刚穿透卵子壁(透明带)的时候,这个卵子就即刻关闭了其他精子穿透它的一切可能性。卵子只允许一个精子进入与其受精，是受精的基本准则。受精就意味着一个生命的诞生。一个单倍体的卵子与一个单倍体的精子受精以后，就形成双倍体的受精卵，受精卵整合了男方和女方的双重遗传物质，融合了父母的遗传特征，形成了新的个体。

5. 着床前胚胎分化

人的子宫是胚胎着床最重要的器官。我们刚才讲到卵子排出来后在输卵管壶腹部等待受精，受精以后，受精卵开始向子宫方向移动，在移动的过程中受精卵不断发生分裂，两个细胞、四个细胞、八个细胞，最后形成桑葚胚。此时，受精卵已经穿过输卵管到达子宫了。桑葚胚在子宫内膜中着床。我认为桑葚胚是一个人生命的真正起源，但它还不能算做生命的开始，只有桑葚胚在子宫着床后才算做生命的开端，因此对着床后的胚胎的任何干扰实验和操作都涉及伦理学的问题。这可能涉及将来人胚胎干细胞的研究的伦理学的问题，在此不作进一步阐述。

6. 胚胎着床

胚胎“着床”也称“植入”，是指处于活化状态的胚泡与处于接受状态的子宫相互作用，最后导致胚胎滋养层与子宫内膜建立紧密联系的过程。一般将胚胎着床过程分为定位期、黏附期及侵入期。胚胎在子宫中植入是一个十分复杂的过程。一个携带父方和母方遗传物质的“异源物”——受精卵，在母体子宫中“着床”，不仅要克服对其“异源物”的免疫排斥反应，而且涉及母体和胚胎在时间和空间上的同步发育和相互协同作用。近几年，研究取得一定进展。然而，临床上的异位植入，即“宫外孕”，对胚胎植入的许多理论问题，特别对所谓的子宫“特异植入窗口”和子宫内膜—胚胎“特异对话”的概念提出了挑战。据不完全统计，在腹腔中，而不是在子宫中的异位妊娠，有少部分的妇女能完成全部妊娠过程，生下发育正常的婴儿。截至目前，全世界已有百余名婴儿是在子宫外完成妊娠全过程后出生的。引起生殖生物学家的特别兴趣。异位植入的事实表明，对胚胎植入起决定作用的基因或分子可能不是来自母体，而是来自胚胎。母体组织只提供了胚胎发育的载体。有人可能要问，男士是否也能生孩子？答案也是肯定的。不过这是极少的案例，20世纪60年代初，在上海一位年青男士经剖腹手术，取出了在他的腹部已“怀孕”了23年的弟弟（死胎）。

胚胎植入是女性生育调控的关键环节。阻断这一环节不影响全身机能，因此被认为是发展女性避孕的最理想靶点。在世界卫生组织和洛氏基金会支持下，自1999年来，已投资300多万美元，在美国、英国、德国、中国、澳大利亚和印度建立了六个国际合作研究中心，旨在研究胚胎植入分子机理的基础上发展一种安全、有效、每月服用一次且无副作用的抗胚胎植入的女用避孕药。

7. 胚胎发育

胚胎发育分期主要包括胚前期(第1~2周)、胚期(第3~8周)、胎期(第9~38周)。

胚前期：包括受精、卵裂与胚泡形成、植入及二胚层的形成。前面已经涉及一些问题。此处我们介绍一下二胚层的形成。在第二周胚泡植入的过程中，内细胞群的细胞增殖分化为一圆盘状结构，称为二胚层胚盘，由上胚层柱状细胞和下胚层立方细胞构成，二者紧密相贴，中间隔以基膜。此期羊膜、羊膜腔、羊水、卵黄囊、胚外中胚层、胚外体腔及体蒂等形成。

胚期：包括三胚层的形成，胚体形成，三胚层的分化。图4表示三胚层分化及器官的形成。

胎期：此期组织分化，组织间质增多，器官形成，整体迅速生长，功能建立并逐渐完善。

四周的胚胎就像苹果的籽那么大，此时胚胎处于三胚层期。外胚层出现神经管道，中胚层心脏和循环系统已经出现，内层中泌尿系统，肠肺等器官脏腑开始形成。同时胎盘、脐带也开始工作了。

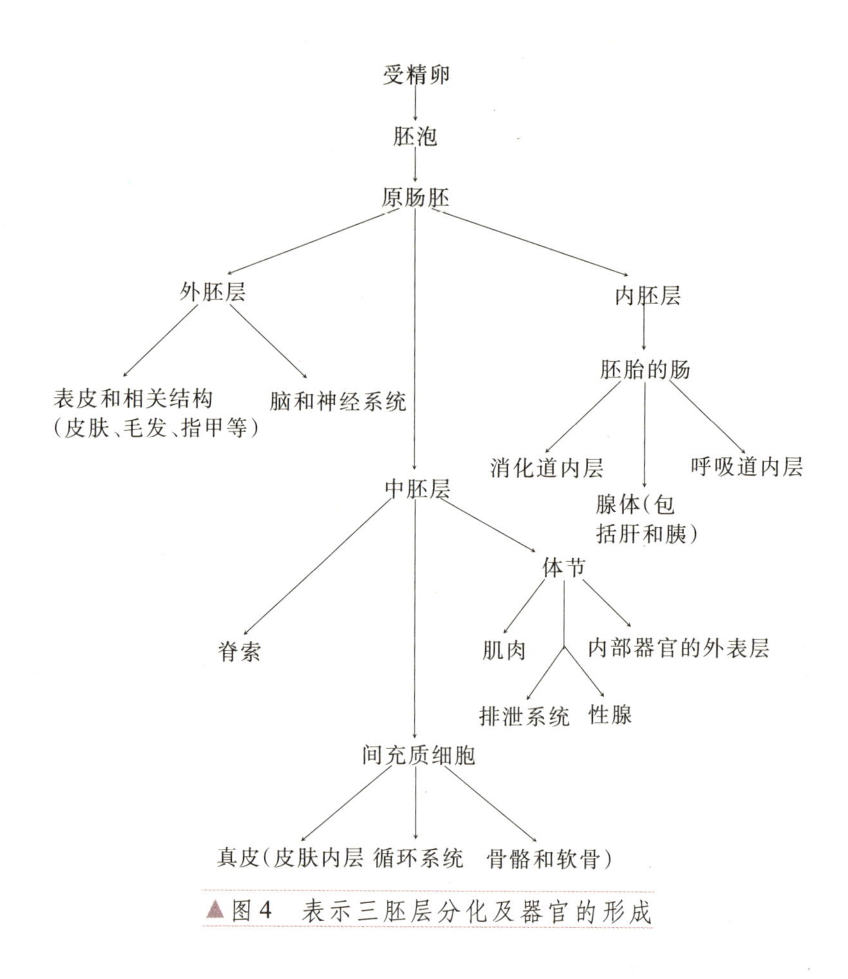

▲图4　表示三胚层分化及器官的形成

八周胚胎长约2厘米，形状像葡萄。胚胎的器官已经开始具备了明显的特征。此时的胚胎中会有一个与身体不成比例的大头，这说明脑的发育是优先的。此时骨髓还没形成，由肝脏产生大量的红细胞，直到骨髓成熟后接管肝脏的工作。

十三周胎儿就初具人形了。胎儿的神经元迅速增多,神经突触形成,胎儿的条件反射能力加强。如果轻轻地碰触腹部,胎儿就会蠕动起来,但母亲感觉不到胎儿的动作。

十七周胎儿身长大约有13厘米,胎儿此时看上去像个梨子。此时的骨骼都还是软骨,可以保护骨骼的卵磷脂开始慢慢地覆盖在骨髓上。

二十一周胎儿的身长大约18厘米,在这个时候胎儿体重开始大幅度增加。胎儿的眉毛和眼睑清晰可见,手指和脚趾也开始长出指(趾)甲。此时胎儿的听力达到一定的水平,已经能够听到声音了。

二十五周的胎儿身长大约30厘米。胎儿在妈妈的子宫里占据了相当大的空间,胎儿在此时身体的比例开始匀称。胎儿舌头的味蕾正在形成,所以胎儿在这时候已经可以品尝食物的味道了。胎儿的大脑发育此时已经进入了一个高峰期,大脑细胞迅速增殖分化,体积增大,孕妇在此时可以多吃些健脑的食品如核桃、芝麻等。

二十九周的胎儿发育已经趋于成熟。如果是男孩,睾丸已经从腹中降下来,如果是女孩,可以看到突出的小阴唇。大脑发育迅速,听觉系统也发育完成。胎儿由于特殊原因,比如孕妇患妊娠性高血压或者胎盘早剥等特殊情况,需要终止妊娠,在离开母体后经过保温及对症治疗等措施可以健康发育成长。

三十三周胎儿身长约48厘米，胎儿的呼吸系统和消化系统发育已经接近成熟。有的胎儿头部已开始降入骨盆。胎儿的头骨很软，每块头骨之间有空隙，在生产的时候能够顺利通过阴道。

三十七周的胎儿仍然在生长，身长51厘米左右。现在胎儿已经完成入盘，如果此时胎位不正常胎儿自行转动胎位的机会就很小了。通常需要剖腹产。

三十九周的胎儿身长53厘米。现在出生的宝宝已经足月。随着现在营养给予的提高，宝宝出生时体重越来越重。随着头部的下降，宝宝便会来到这个世界上。

那么胎儿怎样从母体内获得营养物质呢？胎盘在胎儿发育过程中起了重要作用。在胎盘内发生母体与胎儿间的物质交换、气体交换。胎盘还有一个重要的功能就是分泌一些重要的激素。一个是HCG，还有绒毛分泌促生长激素，促进胎儿生长发育，还有雌激素、孕激素。雌激素和孕激素是整个妊娠过程所必需的，所以胎盘的作用很重要。

二、辅助生育技术及其伦理学问题

我们一方面搞计划生育，另一方面又搞试管婴儿，这是不是有矛盾？回答是：一点也不矛盾。不孕症是一种常见病。在不同国家和不同年代差别很大。1988年美国国家中心统计,15~44岁育龄夫妇中,不孕症发病率为8.4%;而到20世纪90年代末就上升到10%左右。在中国台湾约有14%夫妇由于种种疾病不能生育。目前中国内地2.3亿育龄夫妇中约有5%~8%存在不育问题,而且每年还以40万对左右速度增加。现在我们提倡以人为本,“不育”是目前我们面临的一个重要社会问题。这就是我们要进行辅助生育的依据。

辅助生育技术包括人工授精,体外受精以及显微受精。人工授精就是把丈夫的或者供精者的精子,采用人工注射的方法,直接注入女性的生殖道内,以达到受孕目的。

体外受精俗称试管婴儿,是使精子和卵子在体外完成受精和早期胚胎发育。一般是在胚胎发育到8~16个细胞后,将其移入子宫内。显微受精是指部分男性患者的精子极少或活动力极低,不能自然受精,需借助人工方法,将精子直接注射到卵子内使之受精,形成胚胎后再移植到母体子宫内。试管婴儿从技术上现在已经做到三代了。第一代是“体外授精和胚胎移植”,主要针对女性不孕,如输卵管阻塞,通过人工取卵和精子,在体外完成受精形成胚胎后,再植入宫腔内。第二代试管婴儿的技术比第一代要难得多,主要针对男性严重少精,弱精或输精管阻塞性无精症。技术的难度在于寻找精子。有些患者精子极少，需通过对附睾和睾丸穿刺，从红细胞、神经组织等中间寻找藏匿的精子，然后再在显微操作下将精子注射入卵子完成受精，将受精卵培养到6天后再移植到宫腔内。第三代试管婴儿技术难度更高，被称做“胚胎移植前基因诊断”，这对具有遗传基因缺陷家族成员从优生的角度来说，其意义更大。取多卵子和精子，分别在体外完成受精后，形成多个胚胎。在每个胚胎分化到8个细胞以上时，从每个胚胎中各取1~2个胚胎细胞，进行染色体或基因缺陷检查，将确认没有缺陷的胚胎植入宫腔内完成妊娠过程，可达到优生的目的。

辅助生育技术在国际上发展迅速。世界第一个试管婴儿于1978年7月25日，英国医学家罗伯特·爱德华和派屈克·斯蒂普托，用卵母细胞体外受精和胚胎移植技术诞生了世界上第一例试管婴儿路易丝·布朗。剖腹出生时体重为5.12磅。当时轰动了世界。两年后，澳大利亚和美国也先后诞生了试管婴儿。目前在澳大利亚每年有大约2900例试管婴儿诞生。北京大学第三医院于1988年完成中国内地首例试管婴儿。据我所知，世界上已经有百万以上的试管婴儿。试管婴儿在遗传上和其他生殖环节上与自然妊娠出生的后代是否完全相同到现在还是不太清楚。但世界上首例试管婴儿路易丝自然分娩，终止了医学界担心试管婴儿无法受孕，或能否生产健康宝宝的忧虑,改写了医学历史。

我认为辅助生育技术有许多伦理学的问题,应按伦理学原则和科学道德标准加以适当控制。如用于试管婴儿的冷冻卵子、精子和胚胎保存以多少年为限?在何种情况下可允许借他人子宫诞生后代?是否允许借辅助生育技术以达到多胎生的目的?

三、克隆人和治疗性克隆

克隆是指由一个细胞或个体,通过无性繁殖手段,获得遗传上相同的细胞群或个体。从1938年首次提出哺乳动物克隆的思想开始,世界上已克隆出了很多动物。克隆科学的进展也在不断完善。现在已经克隆出与人类极为相似的灵长类猴子。你们也许会想,人类能否克隆自己呢?这就是所谓的克隆人问题。克隆人的过程本身并不复杂,也是首先从人体内取一个体细胞的细胞核,移植到去细胞核的人卵子中,形成胚胎后再移植到人的子宫中,发育成个体,这个过程就是所谓的非生殖性克隆人。由于非生殖性克隆还面临许多问题,已知克隆动物存在许多原因不明的缺陷,克隆人在伦理学等诸方面会带来一系列社会问题,所以目前禁止进行。联合国192个成员国几乎一致反对克隆人。

治疗性克隆是指以治疗为宗旨而克隆人的胚胎,从中提取胚胎干细胞,并使胚胎干细胞定向发育,培育出健康的细胞、组织和器官,通过移植达到修复或替代坏死受损细胞、组织和器官而治疗疾病。由于目前治疗性克隆还都处于研究阶段,所以有学者把治疗性克隆称为“研究性克隆”。对于治疗性克隆研究,在联合国中以英国、俄罗斯、中国、日本、比利时、法国、德国为代表的多数成员国是积极支持的。但是美国和其他大约50个国家主张禁止克隆任何形式的人类胚胎(包括干细胞治疗性克隆)。

对于克隆人的问题在国际有不同的声音。支持克隆人的声音,如《纽约时报书评》的文章指出:“如果说克隆人是错误的,那么在实践中也可修正错误吗!”比尔·盖茨说:“当然应该‘克隆’人,谁第一个掌握了这个技术,他就是我真正的、也是唯一的竞争对手”;约翰·布洛克教授指出:“克隆人绝对是科学上了不起的进步,克隆技术必将创造21世纪的辉煌”;英国《经济学家》杂志文章指出:“人体商业化是人类经济活动中无与伦比的成就,毫无疑问,克隆技术的出现将为世人创造一个最为广泛和深远的市场。”

反对克隆人的声音遍及世界各个角落,他们认为,“克隆技术现在还不成熟,克隆人可能有很多先天性生理缺陷”;“克隆人的身份难以认定,他们与被克隆者之间的关系无法纳入现有的伦理体系”;“克隆技术有可能被滥用,成为恐怖分子的工具";"从生物多样性上来说,大量基因结构完全相同的克隆人,可能诱发新型疾病的广泛传播,对人类的生存不利"。

四、人类生殖研究发展方向和面临的主要科学问题

我认为生殖生物学的发展方向有四个方面:

1. 首先应从基因组学,蛋白组学和RNA组学,从分子水平上探讨生殖过程的几个主要环节,如卵子和精子发生/成熟,受精和胚胎植入的分子调控机制。

2. 在上述研究基础上,找出最理想的靶点,发展一种或几种安全有效,无副作用,使用方便,完全可逆的男用和女用避孕方法,这不仅是科学控制人口数量的需求,也是人类生殖健康最广泛,最重要和最大的需求。

3. 加强胚胎/组织干细胞定向分化和再生学的研究,为细胞和组织暂代治疗和器官移植,为人类健康作出贡献。

4. 加强无性克隆、治疗性克隆以及异种克隆的分子基础和分子机制的基础研究。

传染病的历史

韩启德

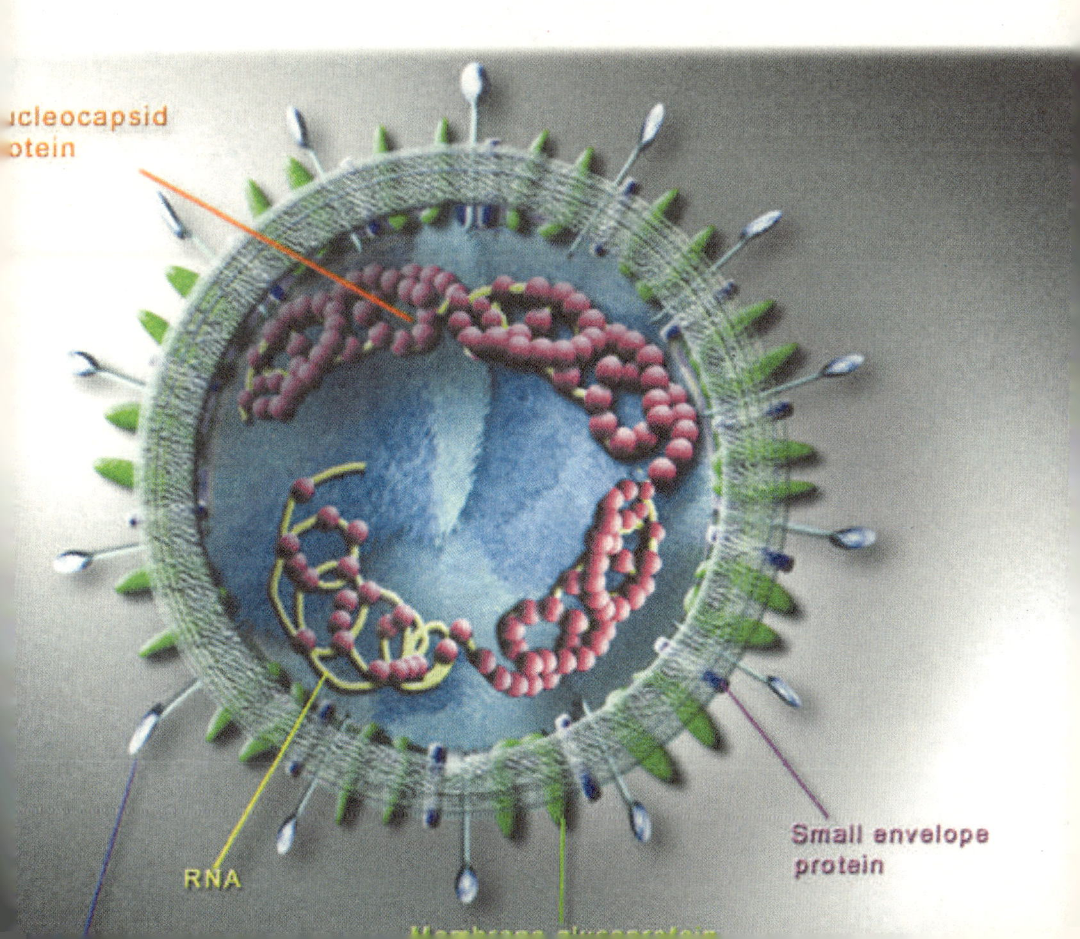

【作者简介】韩启德,病理生理学家。浙江宁波人。1968年毕业于上海第一医学院医学系。1982年在西安医学院获医学硕士学位。曾任北京大学常务副校长、研究生院院长、心血管研究所所长、教授。现任全国人大常委会副委员长。他在国际上首先证实α肾上腺素受体(α-AR)包含α_A与α_B两种亚型的假说,并深入研究了各种亚型α-AR在心脏和血管的分布、介导的效应、调节特征、与β-AR的交互作用,以及多种病理状况下的改变等,揭示了多种亚型α_1-AR

在心血管同时存在的生理与病理生理意义。在心血管神经肽研究方面，他发现血浆和血小板中神经肽Y的改变与脑血管痉挛和高血压的发病有关。他与同事合作，在国际上首先提出降钙素基因相关肽为神经—免疫系统间共用信息分子的假说。

1997年当选为中国科学院院士。

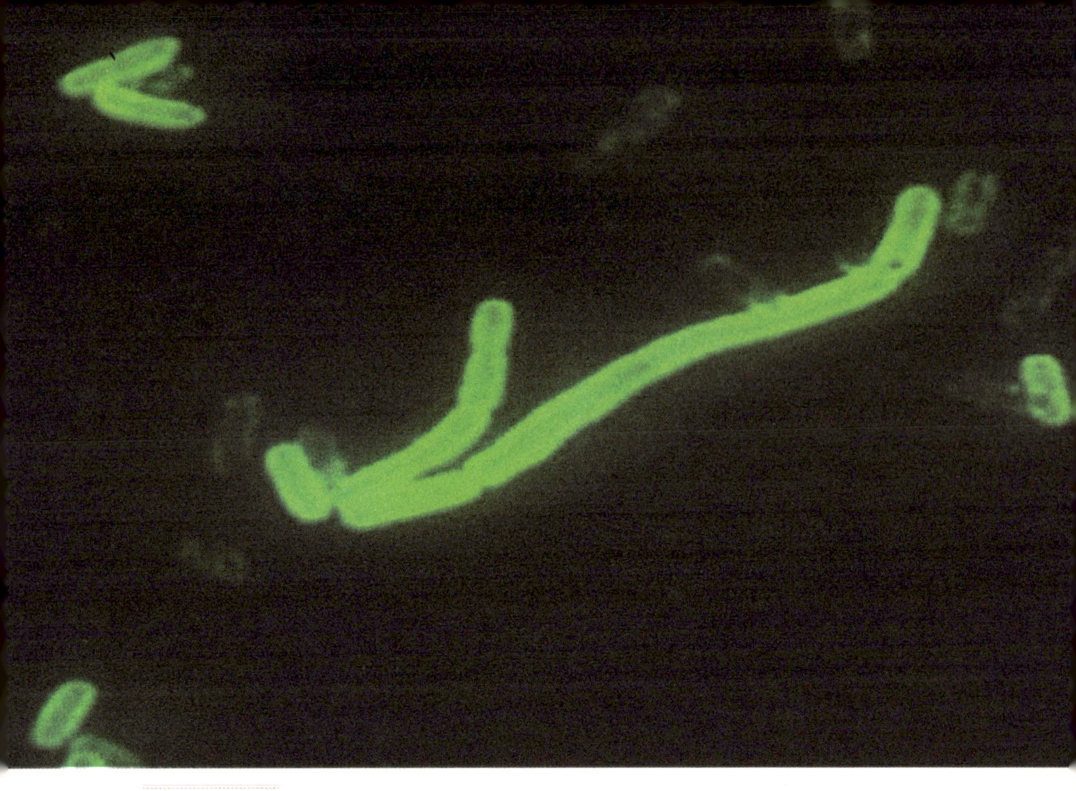

▲鼠疫杆菌

▼梅毒螺旋体

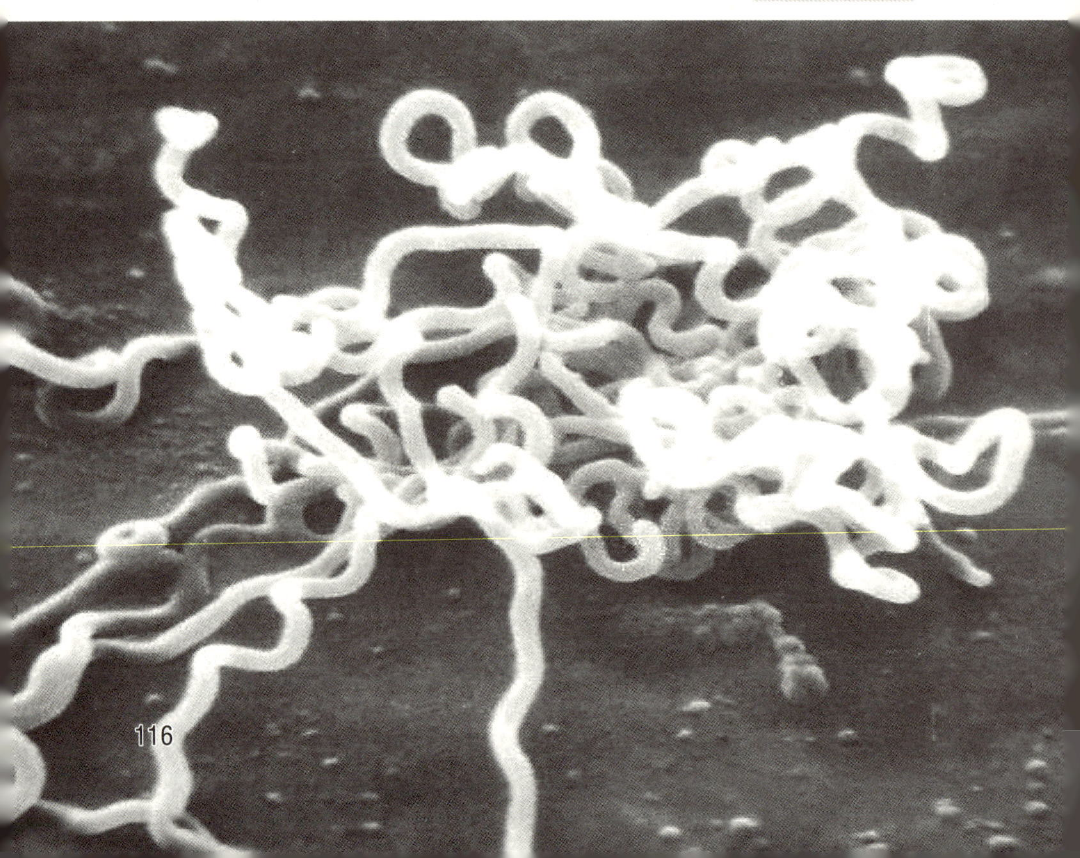

回顾传染病以及人类与传染病作斗争的历史，希望由此得到一些启示。

传染性非典型肺炎（简称“非典”），世界卫生组织命名为：严重急性呼吸道综合征（Severe Acute Respiratory Syndrome），简称“SARS”。2003年春，SARS在我国以及世界上其他20多个国家和地区流行，这个病可以说是突如其来的。我们国家第一例非典病人实际上出现在2002年11月，但是当时一点都不知道。真正在广东地区流行开始于2003年1月下旬，2月份就传播到很多地方，3月份传播到了北京和华北地区，疾病谱已经发生了明显的改变。20世纪50年代以后，我国的传染病越来越少，全世界除了一些非常贫穷的国家以外，如非洲的一些国家，现在传染病都在大幅度地减少，所以不光是普通的老百姓，就是医务工作者，脑子里面对传染病的概念也越来越淡薄。世界卫生组织提出，现在的疾病谱已由以传染疾病为主转变成以非传染疾病为主，认为许多疾病，如冠心病、糖尿病等，都是由现代不合理的生活方式造成的。所以非典的爆发大家都觉得非常突然。还有一个因素，就是对这种病不了解，非典的病原是什么，开始完全不知道。到2003年4月16日，世界卫生组织经过多个实验室的研究，肯定它是冠状病毒的一种变体。虽然病原知道了，但是这种冠状病毒到底引起体内哪些病变，以及是怎么引起这些病变的，人们还是不清楚，对它的传播途径，也不能说很肯定。经过比较早期的一些病例观察和流行病学的观察，医学家认为主要是通过飞沫传播的。所谓飞沫，就是打喷嚏、咳嗽时直接喷出来的分泌物，而不是空气传播，所以近距离才会发生传染，但是“淘大花园”事件出来以后，人们发现排泄物中也含有非典病毒，这就使人怀疑该病也可以通过食物途径传播，另外还有没有别的途径，比如说通过接触，通过黏膜，目前还不能肯定。有些大家平时说的“毒王”，人们一旦与他们接触后，好像都会染病，他们乘坐电梯后，同坐电梯的其他人都得病；但与此同时，在家属里面，那么密切的接触，有的反而不得。所以易感人群也不是很清楚。我们说非典型肺炎，主要是肺部的病变，但是除了肺部以外，其他的内脏器官是不是有变化呢？现在也不是很肯定。在临床治疗方面，都是根据现在的病人总结一些经验，还没有更多的样本、更多的时间来确定完整的治疗方案。所以对于非典，由于它是一个完全新的疾病，人们在多个方面不是很了解。一是因为突然而来，二是对这个病不太了解，所以自然引起人们的恐慌，甚至恐惧。同时，人们不由产生一些疑问：非典来得那么猛，它到底会对我们人类造成什么样的影响？有的人甚至认为，非典看来今后会和我们长期相伴，而且谁也说不定什么时候就会再次流行。大家对于非典会在多长时间、多大范围内影响人类的健康尚不清楚，所以有的人非常害怕，对于非典抱有恐惧心理。要解决这个问题，战胜非典，重要的是要依靠科学，我们把这些不了解的事情都弄清楚了，自然就会对非典有一个正确的认识和态度。

另一方面，我们可以回过头来看看传染病的历史，以史为鉴。站在历史的高度，回顾传染病以及人类与传染病斗争的历史，对于我们今天理解非典会更容易，我们也因此可以采取比较正确的行动方针。

可以说人类和传染病的交锋经历了非常漫长的岁月。瘟疫、战争、饥荒被称为人类历史悲剧的“三剑客”。它们时常并驾齐驱，肆虐于人间，不仅带给人类痛苦和恐慌，有时候还会导致整个社会的衰退，甚至于国家的消亡。回顾历史，我们可以看到，传染病给我们人类带来的死亡与创伤，要远远超过战争。传染病的历史可回溯到非常早的时候。在一幅公元前1400年古埃及的壁画中，就可见到小儿麻痹症病人的形象，而从公元前1160年埃及法老拉姆西斯五世的木乃伊脸部发现了天花病人留下的典型印迹麻子，所以我们推测那个时候就有天花流行。

有比较清楚的历史记载的大规模瘟疫最早发生在公元前5世纪的古希腊雅典。但它到底是什么病，至今还不能肯定。从一些描述中，特别是一些艺术品中可以看出来，非常像天花。那一场瘟疫使得雅典近一半的人口死亡。古希腊也开始走向衰落。公元165年到180年期间，正是古罗马的兴盛时期，一场瘟疫突然降临，现在推测很像鼠疫。据历史学家记述，仅罗马每天就有数千人死亡。从公元79年至公元312年，罗马发生过5次大的瘟疫，造成了生命和社会财富的重大损失，这也是导致罗马帝国衰落的重要原因。到了6世纪，在东罗马帝国，鼠疫又一次流行。在拜占庭帝国的都城君士坦丁堡，就是现在的伊斯坦布尔，许多居民由于鼠疫而死亡，人口整个减少了1/4，东罗马帝国从此衰败。

到了12、13世纪的时候，欧洲出现了麻风病。我们知道，麻风病表现为皮肤溃烂，严重时会出现一些肢端脱落或内脏损害现象。一些地方的人们由于害怕传染，将麻风病人赶出城堡，让他们穿着特殊的服装，手执摇铃。后来，人们又设置了麻风院收置麻风病人，在客观上起到了隔离病人的作用。

最有名的传染病是在14世纪的时候，欧洲发生了一场非常大的鼠疫流行病，感染了鼠疫的病人先是淋巴结溃烂，接着引起肺部的病变，到后期由于缺氧，整个皮肤变黑。病人到死的时候，整个人是黑的，所以就称为黑死病。当时整个欧洲流行鼠疫，死亡了2000万人，也就是说，当时欧洲约1/4的人口因患鼠疫而死掉了，造成了非常恐怖的人间惨相。在许多城市里面，有病人的房子都被封闭起来了。除了少数的贵族可以逃难，逃到乡村去以外，几乎所有的房子都被钉起来，画上十字。整个街道空无一人，只有到傍晚的时候，在少数地方有牧师来给死亡的人做弥撒。在许多地方，尸体放置很长时间都没有人照看，因为很多是一家人一家人地死掉。

15世纪末，欧洲出现了第一次爆发性梅毒流行，那时候法国正与那不勒斯交战，法国军队里许多士兵患上了梅毒，只能放弃作战，法国国王查理八世遣散了军队。由于法国军队由多个国家的人员组成，所以随着士兵回到各个国家，梅毒也广泛流传开来。

自哥伦布发现新大陆以后，欧洲人开始了大规模的美洲殖民活动。当西班牙人占领美洲的时候，由于美洲大陆上的居民长期处于相对封闭的状态，基本上没有东半球的传染病。但是西班牙的军队到了以后，带来了诸多欧洲大陆的疫病，而美洲印第安人对那些疾病根本没有免疫能力，所以西班牙人到了那里以后，使得这些疾病很快流传，有时他们不用打仗就能轻易战胜土著印第安人。最早是流感，后来有斑疹伤寒、天花、鼠疫等疾病，使得90%以上的土著人死亡，所以西班牙获胜很重要的一个因素就是传染病的相助。

从19世纪至20世纪中叶，可以说是一个霍乱横行的年代，这种传染病在欧洲、亚洲、美洲交替出现，这一次起于亚洲，那一次起于欧洲，这样在全世界不断发生。霍乱是非常可怕的，上吐下泻，这跟我们现在的肠胃炎可是不一样的。我就亲自看见过霍乱病人因严重地上吐下泻而脱水，很快就会发生休克，所以其死亡率是非常高的。后来医学家们发现霍乱的流行跟生活环境有关系。比如说当时欧洲国家的工人，他们居住的地方没有好的卫生条件。霍乱主要是通过水源的污染传播的，病人死亡率达到50%~70%，直到20世纪30年代都是这样。

值得一提的是，1918年第一次世界大战刚刚结束时，爆发了一次世界范围的大流感。流感在那个时候是非常可怕的。我们现在为什么叫流感（Influenza）呢？Influenza一词来自意大利文，意思是“魔鬼”。当时最早是在美国南部的一个军营里发生，随着部队的迁移，传到了欧洲，在西班牙爆发，引起大量人员死亡，接着又传回到美国波士顿并蔓延到美国的东部，乃至全境。这一次流感流行，在欧洲、美洲、亚洲共有2500万人死亡。从1918年以后，流感又有多次大的爆发。在我的记忆当中，我国1957年有一次非常大的流感流行，1968年也有一次，到1998年又有一次，都在相当大的范围内流行。

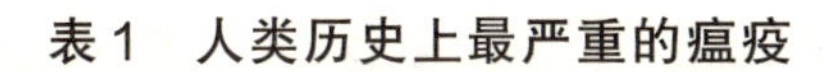
表1 人类历史上最严重的瘟疫

时间	地点	瘟疫	影响
公元前429年	雅典	天花	近1/2人口死亡
165—180年	罗马	鼠疫	死亡者占到总人口的1/4
211—266年	罗马	鼠疫	罗马帝国衰落了
6世纪	拜占庭	鼠疫	人口减少1/4
12—13世纪	欧洲	麻风	流行于欧洲各国
14世纪	欧洲	鼠疫(黑死病)	死亡了2000万人,减员约1/4
15世纪末	欧洲	梅毒	在法意战争中,法国军队因梅毒流行而败北
15世纪	美洲	天花、鼠疫、流感	90%以上土著印第安人死亡
17—18世纪	欧洲	天花	1.5亿人死亡
19—20世纪中	亚、欧、美	霍乱	
19世纪末—20世纪30年代	亚、欧、美和非洲60多国	鼠疫	1000万人以上死亡
1918年	亚、欧、美、非洲多国	流感	2500万人死亡

我国古代也发生过很多次重大的瘟疫。这是一个不完全的记载(表2),每一个朝代都有大的瘟疫发生,特别是在重大的自然灾害和战争以后,瘟疫几乎都要发生。

表2 中国历代重大瘟疫概况

朝代	次数
秦汉	22
魏晋	17
隋唐	21
两宋	32
元代	20
明代	64
清代	74

除了刚才举的例子以外,还有很多其他传染病,比如说结核病。结核病在19世纪的时候,发生在整个欧洲,后来到了亚洲,发病的人很多,很可怕。19世纪时,结核病死亡率达到97%,得了结核病就没救,所以称之为白色瘟疫,当然这也与病人脸色苍白有关系。在旧中国,结核病被称为痨病,是传染病里面死亡率最高的一种。

疟疾是很古老的疾病，在我们的甲骨文里面就有记载，英文叫作Malaria，也是从意大利文传过来的，是“瘴气”的意思。一直到20世纪初，人们都不知道是什么原因造成疟疾的，甚至只能在海防线上施防，甚至于放火试图赶走它。后来人们才发现疟疾是由一种称为疟原虫的寄生虫引起的。在20世纪30年代以前，伤寒病在全世界各国普遍流行。在我们国家五六十年代，伤寒病还是很多的，这是最典型的一种传染病。当时医学院学生学传染病和内科学，伤寒病是非常重要的疾病，现在我们国家很少了。

此外，流行性脑膜炎也是很多的。白喉在16、17世纪第一次爆发的时候，死亡率很高，当时一直是没有办法医治的。后来有了白喉的抗血清以后，情况稍微好一点儿。当然后来又有疫苗了。我们在座的各位在小时候可能打过一种三联预防针，就是“白百破”，即白喉、百日咳、破伤风，三联疫苗。当然，现在我们可以不打三联预防针，因为白喉是很少了，但是它曾经肆虐人间，非常厉害。

细菌性痢疾，大家好像见怪不怪了，但是这种病要流行起来也是非常厉害的。大家知道，拿破仑跟俄国打最后一仗的时候，部队里面发生了两种疾病流行，一种是斑疹伤寒，另一种就是痢疾，使得他的部队丧失了战斗力。我们以前很少讲到这一点，实际上传染病是拿破仑失败的一个很重要的因素。

炭疽，在抗生素发现以前，它的死亡率也是非常高的。美国“9·11”恐怖事件以后，在一封寄给美国全国广播公司节目主持人汤姆·布罗考的信中发现了白色粉末状炭疽菌，引起了很大的恐慌。

麻疹是非常普遍的一种传染病，甚至在我们小时候，就觉得要是谁没有得过麻疹的话，就要等着得，好像人人都要得麻疹一样。所以极少有人到了成人，还没有得过麻疹。现在有了疫苗，当然麻疹已经很少了。斑疹伤寒是欧洲白人当中非常普遍的一种病，被视为战争瘟疫，死亡率也很高。传染性肝炎在东方比较多，像我们国家乙型肝炎的感染率超过了人群的10%，是非常高的。

表3　人类历史上一些重要的传染病

结核病	19世纪的“白色瘟疫”，旧中国状况
疟疾	甲骨文记载，malaria（“瘴气”）
伤寒	20世纪30年代以前，在世界各国广泛流行
流行性脑膜炎	世界上有30多个国家流行，我国为高发国家
白喉	1583—1618年爆发第一次世界大流行
细菌性痢疾	公元前4世纪，希波克拉底已认识此病
炭疽	抗生素出现之前，死亡率达20%~30%
麻疹	婴幼儿常见的病毒性急性传染病
斑疹伤寒	在第一次世界大战期间被称为“战争瘟疫”
传染性肝炎	中国感染率超过10%

上面讲的是历史上曾经流行过的一些重大传染病，以及它们给我们人类的健康、社会甚至国家的盛衰所带来的影响。

下面我来讲一讲人类和传染病斗争的历史。自从有人类以后，应该说就有传染病，我们人类跟传染病的斗争也从来没有停止过。西方医学之父——古希腊的希波克拉底推测在沼泽地区的空气中，存在着很多微小的动物，它们是多种发热疾病产生的原因。所以那时他就开始想象，传染病是一种由外界的小虫子引起的疾病。在我国东汉末年，当时由于社会动乱，导致传染病流行。当时有一个叫张仲景的人，后来被称为我国的"医圣"，他的家族有200多人，在不到10年的时间里，有2/3因为得传染病而死亡了，所以他就立志来研究传染疾病问题。他写了一本《伤寒论》，我们大家现在都知道，该书实际上是针对当时的一些传染病总结出来的一些治疗原则和方法。到了16世纪中叶，西方对传染病有了更进一步的了解。1546年，伏拉卡斯托罗写了一本书《论传染和传染病》，首先提出了传染病的概念，但是他对病因的认识在现在看来是非常不清楚的。他认为传染病的病因是肉眼不能觉察的微粒或者病芽，不同的传染病是由不同的特殊病芽所引起的。病芽是什么呢？他没有看到，因为大家知道那个时候还没有显微镜。实际上过了一百年以后，列文虎克才发明显微镜。当然他还提出假设，传染病可以通过人直接传给人，还可以通过其他中间宿主传给别的人，还可以通过空气传播。这个假设是很伟大的，它跟现在的传染病传播理论非常吻合，尽管在当时只是一种想象。17世纪，我国明代有一个叫吴有性的医生，他也提出了与伏拉卡斯托罗同样的观点。他在《瘟疫论》中提出："瘟疫之为病，非风非寒、非暑非湿，乃天地别有一种异气所感。"中医常将疾病的原因归咎于"六气"，但是他说不对，不是"六气"，而是由一种特别的气引起的，他称之为"戾气"。但是戾气在哪儿呢？他也没有看到。所以无论是西方的"瘴气"学说，还是我国的"戾气"理论，都没有真正揭示出疾病传播的原因，包括病芽也只是停留在猜想的阶段。所以应该说，早期人们是在探索传染病的传播原因，但是没有得到根本性的突破。

对传染病的控制，也有几个方面，一步一步地得到了突破。最早对控制传染病起很大作用的措施，就是隔离检疫制度的建立。最原始的雏形是在公元736年，一个修士创造了一所麻风病院来收容、照顾麻风病人，也就是将得了麻风病的人隔离起来。在此之前，人们如何应付瘟疫呢？就是逃跑。在传染得很厉害的时候，比较有效的办法就是逃出去。但从公元736年以后，人们就产生了一种想法，即把病人隔离开来。到11世纪，麻风病再次流行的时候，人们普遍地采用这种模式，把病人隔离起来。所以到了13世纪初叶，欧洲的麻风病院就有2万所，对控制麻风病的蔓延发挥了非常重要的作用。14世纪，欧洲的黑死病流行非常广泛，在欧洲的一些港口城市，人们为防止疫病的侵入，对来往船只采取了限制措施。最早是在1377年的拉古萨共和国，相当于现在的克罗地亚，颁布了对海员的管理规则，规定来自疫区的人员必须在海港以外一定距离的小岛上停留30天，然后才能进港。后来意大利的威尼斯港规定，若有船队从疫区来，必须在小岛上停留40天，所以quarantine(隔离)一词就是从“40”这个数字来的，这就是现代海港检疫制度的起源。当然，隔离起来以后，对里面的病人也要照顾，当时照顾病人的人，怎么来避免自己得病呢？他们采取的措施跟我们现在防SARS，在电视上看到的医生穿隔离服很相像，也穿着长袍，即隔离服。更有意思的是，要戴一个面具，这个面具鼻子非常长，鼻子里面放了什么东西呢？放了海绵，海绵吸满了用丁香、肉桂浸泡过的醋，呼吸的时候，就能够防止外面不干净的东西吸进去，用来防止传染。

不只是在西方，在我们国家也很早就有隔离的办法。1910年，清王朝还没有被推翻，这个时候在哈尔滨市周围发生了一次大的鼠疫，大批人员死亡。当时皇帝就颁圣旨给一个从英国留学回来的、当时在天津的医学专家伍连德，派他到东北作为医官去消灭鼠疫，而且授予他非常大的权利。他可以隔断交通，可以随便地隔离病人，还可以焚烧尸体。所以在那一年的大年初一，他把棺材堆了长达1千米，用了几天时间把它们全部烧掉。因为当时人们患了鼠疫死了以后，就埋在地里面，老鼠接触尸体后又可以引起传播，所以必须烧掉。结果他用四个月的时间完全控制住了鼠疫的流行。当时他还成立了疑似病院，将怀疑的病人隔离起来，还有专门的临时消毒所，这都是非常有力的措施。20世纪30年代，我们把海港检疫权从外国人的手里收回来后，任命伍连德为海港检疫处的处长。

当然，最重要的是病原体的发现。首先是病原微生物的发现，这是一个非常大的进步，弄清了传染病到底是怎么得的。最早是法国的科学家巴斯德通过研究葡萄酒腐败变酸的问题，发现微生物发酵是葡萄腐败变酸的原因。于是他猜想一些疾病也可能与微生物有关。当时正好在法国南部发现蚕大批地死亡，他就去当地观察。他观察得非常仔细，把疫区的蚕和蚕叶都拿来在显微镜底下看，他发现桑叶上有很多小的颗粒，他就猜想蚕的病可能跟这些小颗粒有关系，于是他把疫区的蚕连同有小颗粒的桑叶全部烧掉，果然这个病就被控制住了。1878年，他在法国科学院宣读论文，明确地指出了传染病本质上都是由于有微小生物的存在，而且他看到了它们。

另一位在探究传染疾病的原因方面作出了重大贡献的学者是德国的科赫(R.Koch)。他发现了很多病原的细菌,包括炭疽杆菌、伤寒杆菌、结核杆菌,还有霍乱弧菌,并且证明了这些细菌确确实实是引起这些疾病的根源。怎么证明这个病原就是引起这个传染病的?他提出了一个非常有名的原则,即科赫原则。它有四条标准:第一条,在所有的患者身上发现这种病原体,而健康人身上没有;第二条,发现了以后,还不行,还必须把这种病原体分离出来,并要它能够在培养皿里面繁殖;第三条,把培养出来的病原体再注射到动物身上,能使动物也得病,得病的症状要跟人差不多;第四条,在得病的动物里面再去分离出来这种病原体,证明这种病原还能够培养。只有这四条标准都符合以后,才能证明这个病原是引起这种传染病的真正病因。大家回忆一下,2003年初非典流行期间,到了3月25日,美国疾病控制与预防中心(CDC)的研究人员宣布,他们在标本里面发现了冠状病毒,但他们没有宣布这是它的病因,只是说找到了冠状病毒里面的一段序列。然后由德国科学家组织了世界上11个国家、14个实验室,做一个虚拟的网络研究中心,就是大家都以自己的特长来深入研究。他们不仅在患者身上分离到冠状病毒,而且把冠状病毒做了培养。培养以后,由荷兰的科学家注射到大猩猩体内,使它也得了非典，然后再从患了非典的猩猩身上来采集标本，又培养出来病毒。所以到了4月16日，世界卫生组织才宣布冠状病毒是非典的一个病原体。所以科赫在19世纪90年代提出的这个原则，到现在还是适用的，具有非常大的指导意义。这是发现病原体的历史。发现病原体以后，要想办法来杀死它们，才能控制疾病。所以接下来的发展就是对病原体特效药物的研究。

最早的一个化学药物是德国科学家艾利希(Paul Ehrlich)发现的。他发现了一种能够特异性杀灭病原微生物的药物，叫“606”。由于这种药物能有针对性地杀死特殊病原体而不损伤正常组织，因此被称之为“魔弹”(magic bomb)。当时主要用它来杀死引起梅毒的螺旋体病原，效果非常好。艾利希的发现激起大家都来找化学药物，所以很快，又有一个德国医学家多马克(G. Domagk)发现了百浪多息。百浪多息对细菌性疾病有非常好的效果，后来再研究发现，百浪多息里面真正起作用的是一种叫磺胺的化学成分。不久，科学家们研制出了很多磺胺类的药物。直到20世纪50年代，这类药物都是主要的治疗传染病和感染性疾病的药物。大家知道，到1928年的时候，英国的科学家弗莱明(A.Flemling)发现了青霉素，后来钱恩(E.B.Chain)和弗洛里(H.W. Florey)又想办法把青霉素分离出来，并于1942年正式应用于临床，在第二次世界大战期间挽救了大量战士的生命。1945年，刚才提到的三位科学家因此获得了诺贝尔化学奖。从此，各种各样的抗生素，如链霉素、氯霉素等陆续被发现并制成药品。一直到现在，每年都有新的抗生素发现。抗生素除了对一些病毒及某些寄生虫无效以外，能杀死或抑制各种细菌，包括螺旋体等。所以有了抗生素以后，传染病的死亡率就大大下降了。

第四个方面的发展，就是疫苗的诞生。疫苗是预防传染病最好的最根本的办法。抗生素是得了病以后，把病原体杀死，把病治好。可怎么才能不得病呢？现在最好的办法还是用疫苗。值得自豪的是，最早是我们国家在11世纪的时候，就有人痘接种的方法。因为当时有天花，把得了天花的病人皮肤病变结的痂取下来，给另外一个健康人接种，能预防天花。到了16世纪，人痘接种技术已经非常完善了，也有了专门的著作，叫《太平痘苗》。因为天花的病人有脓包，结痂以后，底下有一包脓，我们叫做痘浆。把痘浆取下来，或者把那个痂拿下来捣碎，捣碎以后放在人的鼻腔里面。这是很聪明的做法，因为我们鼻腔黏膜里面有很多毛细血管，可以直接吸收进去，所以这样的办法使得很多人能够在天花传染的时候不得此病。这个办法从中国传到了俄国，然后通过土耳其传到了英国，然后传到欧洲其他各国，被普遍地应用。但是这一方法随意性很强，痘浆里有很多天花的病毒，所以要是给过了量，可能反而使被接种者得天花。所以人痘接种还不是非常理想。到了1796年，英国有个医生叫詹纳(E.Tenner)，他发现挤牛奶的女工，往往容易得牛痘，即牛的天花，但她得了以后，基本上不再得天花。于是贞纳就想了，牛痘是不是可以来抵抗人得天花呢？于是，他把牛痘的痘浆取出来给健康人接种，结果发现牛的天花病毒不会引起人得天花，但却可以使人产生对天花的免疫力。他第一次为8岁的男孩菲利普种牛痘，然后再给他接种人的天花的痘浆，结果他没有得天花。所以人们后来就用牛痘浆来制备疫苗，叫牛痘。到了19世纪以后，牛痘已经逐渐普及，所有的人都要种牛痘，包括我们国家。19世纪30年代，我国也开始派医疗队到农村进行牛痘接种。由于牛痘的普遍接种，到1977年非洲索马里发现最后一位天花病人以后，全世界没有再发现一名天花病人。所以到1979年的时候，世界卫生组织宣布全世界已经消灭了天花。

除了用牛痘接种来预防天花以外，其他的疫苗也相继产生。19世纪末，巴斯德(L.Pasteur)首先制成了狂犬病的疫苗，然后用这个疫苗挽救了一个被狂犬咬伤的少年，以后狂犬疫苗成为有效地预防狂犬病的手段。还有一些疫苗如霍乱、炭疽的疫苗都是由巴斯德发现的。

实际上，人们在1909年就发现了脊髓灰质炎的病原体是一种特殊的病毒，但是到了1949年才把病毒在体外培养成功。有了培养的病毒以后，就可以制造疫苗了。首先是沙克(J.Salk)在1954年研制成灭活的疫苗，就是把病毒培养成功以后，再把这个病毒杀死，它就不会引起脊髓灰质炎了；但是它还带有抗原，可以引起人产生对脊髓灰质炎病毒的抗体。当然，灭活疫苗的作用比较小，因为它的种子已经死掉了，所以1961年又有人在这个基础上发现了减毒活疫苗。所谓减毒活疫苗，就是病毒是活的，只是不像正常病毒的致病力那么强，把它减毒了，不致病，但产生相应抗体的作用非常强，这就更进一步了。到了20世纪60年代，脊髓灰质炎的减毒疫苗就比较好了，现在大家也不用打针了，只吃糖丸就行了。再以后的发明，更先进的就是明确知道这个病毒是由病毒蛋白的哪一个片段、哪一部分引起抗原的，就用那一部分来制备疫苗，就是亚单位疫苗。现在用基因疫苗，把病原体抗原蛋白相应的DNA接种到体内，让身体自己合成相应抗原蛋白。由此可见，疫苗的研制是逐渐深入完善的。除了上述那些疫苗以外，现在许多重大的传染病我们都能成功制备疫苗(表4)。现在还有一种病的疫苗尚没做成功，就是艾滋病，但是进展非常快，已接近成功的边缘。

表4　人类病毒性疫苗

病毒	疾病	疫苗	目标人群
腺病毒	呼吸道疾病	减毒活疫苗	军队
甲肝病毒	肝病、癌症	减毒、灭活疫苗	流行地区人群
乙肝病毒	肝病、癌症	亚单位疫苗	所有人群
流感病毒A/B	呼吸道疾病	减毒、灭活、亚单位疫苗	儿童、老年人
麻疹病毒	呼吸道疾病	减毒活疫苗	儿童
脊髓灰质炎病毒	脊髓灰质炎	减毒、灭毒、灭活疫苗	儿童
日本脑炎病毒	脑炎	灭活疫苗	流行地区人群
腮腺炎病毒	腮腺、脑、睾丸炎	减毒活疫苗	儿童
狂犬病病毒	狂犬病	灭活疫苗	接触者
风疹病毒	风疹、胎儿畸形	减毒活疫苗	儿童
牛痘病毒	天花	减毒活疫苗	实验室人员
水痘病毒	水痘	减毒活疫苗	儿童
黄热病病毒	黄热病	减毒活疫苗	流行地区居民

我们国家在传染病防治方面取得了重大的成就。在20世纪50年代初，刚刚解放的时候，我国有1100万的血吸虫病人，有1亿多人群受到血吸虫病的威胁。另外，其他传染病也很严重。比如，疟疾有3000万人，丝虫病

2400万，黑热病150万，麻疹104万，麻风50万。到了1990年，40年以后，脊髓灰质炎、鼠疫已基本消灭，霍乱、登革热、白喉、伤寒都基本得到了控制。当年毛主席在《送瘟神》一诗中非常形象地描述血吸虫病流行的情况是"千村薜荔人遗矢，万户萧疏鬼唱歌"，但是到了20世纪60年代初，我们国家基本上消灭了血吸虫病，"借问瘟君欲何往，纸船明烛照天烧"，确实是取得了非常令人鼓舞的成绩。改革开放以来，我国在传染病防治方面取得了进一步的成绩。我们拿1980年、1990年、2001年的情况来做比较，每10万人的发病率，从1980年的872人减到1990年的292人，再减到2001年的188人，发病总人数从723万减到326万，再减到241万。1980年，我国还有2.11万人死于传染病，到了2001年，只有3700人死于传染病。大家知道，我们肿瘤和心血管的病人，一年大概都要新增100万，死亡都是几十万人，跟所有的传染病加起来死3700人来相比，我们国家的疾病谱确实发生了很大的转变，难怪当SARS一来，人们感到突如其来，没有思想准备。

以上讲述了我们人类跟传染病作斗争的历史，可以说现在已取得了非常大的胜利。从传染病的历史以及人类和传染病作斗争的历史中，我们可以得到一些什么启示呢？我想有以下三个方面的启示。

第一个启示是，传染病将长期存在，一定要有这个思想准备。从历史事实以及上升到哲学的层面来讲，人类跟传染病的较量是一个很自然的过程。因为人类、微生物和其他的生物，都是在这个自然界共存的，他们之间是一个相生相克、互相制约的关系。就拿微生物病原体来说，必须要在宿主里面才能存活，因此必须去侵袭动物或者人类。如果病原体足够强大，就会让宿主病体得病，甚至把这个物种消灭掉。如果病原体不够强大，而它们所寄存的生物体过于强大，就会把它们消灭掉，因此这种病原体就没有了。但是在大多数的情况下，它们是一个互相斗争的过程，存在一个平衡的状态，也就是说，微生物可以侵害一部分的人体，但是人体又产生对抗它的免疫能力，因此表现出相容性。在整个自然界，病毒可能寄生在某一部分的生物体里面，却不侵袭人体，当生态系统改变的时候，则可能引发人类的疾病。应该说这是一个长期存在的、符合自然辩证的实际情况。我们再看一看现在的实际情况，也确实如此。尽管我们说，由于疫苗的产生，特效药的产生，我们对病原体的认识增加，传染病是大大地减少了，但是实际上在近30年，又产生了30多种新的传染病(表5)。

表5　部分新发现的病原体及其所致疾病

发现时间	病原体	所致疾病
1977	埃博拉病毒	埃博拉出血热
1977	嗜肺军团菌	军团病
1977	汉滩病毒	肾综合征出血热
1982	大肠杆菌O157	出血性结肠炎
1983	HIV	艾滋病
1988	人疱疹病毒6型	突发性玫瑰疹
1990	西尼罗病毒	西尼罗脑炎
1995	庚型肝炎病毒	庚型肝炎
1996	朊毒	疯牛病
1998	尼帕病毒	尼帕脑炎
2003	冠状病毒变体	SARS

我们举一些例子来看一看。1977年在非洲发现了埃博拉病毒。受埃博拉病毒侵袭的病人，会发高烧，浑身肌肉疼痛，疼痛得简直不可忍受，最后他的心脏、肝脏都会变成半液体状，全身出血，痛苦不堪，非常可怕。该病现在还不断地在非洲流行，甚至已传播到了英国。1977年，美国发现了嗜肺的军团菌，在部队里面，大多数人得肺炎，后来发现是一种新的细菌，属于病原体类。1977年还发现了一种病毒叫汉滩病毒，就是我们现在所

说的流行性出血热。我们国家的西北地区多发,其他一些地区也有,它是通过一种称为黑线姬鼠来传播的,这种病也非常严重,最后可导致病人因肾衰竭而死亡。1982年,在日本发现大肠杆菌O157,这种细菌引起的病也很恐怖。海关检疫的时候,经常检查出来,特别是从日本过来的病毒携带者,所以对我们构成很大的威胁。由HIV造成的艾滋病危害极大,现在大家都熟悉了。1988年发现人疱疹病毒6型,1990年发现西尼罗病毒,这些都是非常有说服力的例子,说明生态环境是如何影响传染病的。肝炎不断地发现新的肝炎病种。先是甲型肝炎、乙型肝炎、丙型肝炎,现在已经发现了庚型肝炎。1996年,一位美国科学家发现朊毒,我们以前叫朊病毒,这位科学家在20世纪末还获得了诺贝尔奖。为什么他获得诺贝尔奖呢?这种朊毒既不是细菌,也不是一种病毒,它就是一种蛋白质,它是在神经系统里面的一种蛋白质,由于蛋白的错误折叠,就可以引起疾病,而且由于这个蛋白的错误折叠,引起另外一个亚单位的折叠错误,发生连锁反应,引起越来越重的病。现在发现的疯牛病,就是这种朊毒所引起的病,但是疯牛病也可以传染给人,曾经恐怖一时。由于及时防范,英国把成千成万头牛给杀死,防止疾病蔓延到人类,所以才仅有50多人得病。还有尼帕病毒,是1998年在马来西亚发现的新病毒,还有在2003年发现的变种冠状病毒,等等。就是在30年中，便发现了30多种以前我们从不知道的疾病，可见新的传染病还在不断地发生。应该说，尽管我们有了现代的防治方法，传染病不再像以前那样引起大量的死亡，但是它产生的速度，比以前更快了。这是由于现代的社会发展所造成的。

一些老的传染病又死灰复燃，首先是结核病，1984年以来，每年全世界以10%的速度增加，据估计现在全球有2000万例结核病，有300万人死亡，所以世界卫生组织现在发出“全球结核病紧急状态宣言”。我们国家现在结核病的发病人数也在急剧上升，而且耐药的结核病越来越多。还有疟疾，现在也很多。我们在座的年轻人可能都不以为然，疟疾在以前曾经是一个非常普遍的疾病，现在在一些发展中国家，还是一个非常主要的疾病。全球现在有3亿人患有疟疾，每年有两百万人死于疟疾，特别是在非洲，每年有一百多万名儿童死于疟疾。我国现在有24个省、市、自治区还不同程度地存在着疟疾的流行。

另外，性传播疾病也显著升高。新中国成立以后，梅毒、淋病基本上消灭了，但是现在我们国家的性传播疾病成几何级数地增加，淋病现在已经占据我们国家的传染病中很大的一部分。我看到一个材料，说性传播疾病占我们国家现在传染病的24%。因此，无论从理论上，还是从现实的实际情况来看，传染病还会伴随我们人类相当长的时期，这是第一个启示。

第二个启示是，现代科学的发展，从根本上改变了人类与传染病力量的对比。如果说中世纪流行黑死病的时候，人们束手无策，最多采取隔离措施，那么自19世纪，特别是20世纪以来，由于现代科学的飞速发展，人类在跟传染病较量的过程中，两者的力量对比发生了根本性的变化。由于现代科学的发展，我们才可能发现病原体。举一个非常简单的例子，如果没有光学显微镜，人们是不可能发现细菌的，没有电子显微镜是看不到病毒的，更不要说其他。由于免疫学的发展和病理学的进步，我们才可能知道病原体是如何引起疾病的，我们人体是怎么抵抗传染病的，我们才有可能去开发新的药物，才有可能来研制新的疫苗，才可能消灭天花，才可能使我们国家到2001年，全年只有3700个人死于传染病，包括现在的非典在内，我们才有可能这么及时地把它控制下来。

特别是从20世纪50年代以后，分子生物学的发展，在更大程度上改变了我们这种现状，也就是说，我们对于传染病，从病原到发病，再到人体怎么抵抗它，有了更深入的了解，也就是从生物学的最根本方面来了解这些。特别是人类基因组计划实施以后，我们对病原体也好，对机体抵抗也好，都从基因的水平上有了进一步的了解，其作用非常之大。也许我这样讲大家可能还比较模糊。我举一个例子，比如说疟疾，由于现代科学的发展，人们发现了特效的药物，最早是从金鸡纳的热带植物里面发现，金鸡纳霜可以治疗疟疾，然后是从金鸡纳霜中提取出奎宁用了奎宁以后，疟疾又慢慢产生了抗药性。人们又从中药“青蒿”里面找到了“青蒿素”，这是我们国家首先发现的。“青蒿素”现在是世界卫生组织推荐给世界各国首选的抗疟疾的药物，但是疟疾对“青蒿素”也慢慢有了抗药性。世界上还有3亿人受到疟疾的威胁，怎么来对待它？现在基因组计划发展以后，可以利用基因组研究的成果来预防疟疾。疟疾是通过蚊子传播的，蚊子叮咬了病人，然后再咬叮另外的人而传播疟疾，如果说蚊子不叮人了，不就不再传播疟疾了吗？如何让蚊子不叮人呢？人们对传播疟疾的冈比亚蚊子作基因组分析，把它所有的基因全部测定出来，现在知道一共是3亿多个碱基对。再分析它的各个基因，蚊子一定有一个基因是决定它去叮人的，把这个基因想办法关闭掉，蚊子就有可能再也不叮人了，也就不会传染疟疾了。这种研究现在是可能做到的。或者我们从疟原虫的基因组研究出发，从疟原虫的基因来研究它哪一个部位是最关键的，再设计药物来治疗它。所以我想，分子生物学引起的变革，使得现代医学有了更大的力度来对抗传染病。

再从艾滋病与SARS来看现代医学、现代科学飞速发展带来的影响。最早是在20世纪80年代初，法国的巴斯德研究所的科学家发现了艾滋病毒。从1981年发现第一例艾滋病人，到1983、1984年就发现了引起艾滋病的HIV，并很快在电镜下面看到了HIV是如何来感染淋巴细胞的。最近《科学》(*Science*)上的文章介绍，科学家可以看到一个病毒怎么穿过淋巴细胞膜，要多长时间可以跑到淋巴细胞DNA里面，怎么去整合到里面。整个过程可以拍下来，算出它是多长时间，可见对HIV研究是非常深入的。既然有了这么深入的研究，治疗办法也相应发展得非常快。现在发现有的人，即使他是同性恋，也吸毒，还跟艾滋病患者有密切的接触史，但他就是不得艾滋病，说明这些人身体里面有抗艾滋病的基因，现在也已把这个基因克隆出来了，叫做CEM15基因，而且甚至发现了三种α防御素，这种蛋白在这些人的身体上有。因此，科学家正在想办法让人体产生这些蛋白质，这样的治疗是非常根本的，可以来抵御艾滋病毒的侵入。所以现在的药物，最早是AZT疗法，后来美籍华人何大一用鸡尾酒的疗法，现在有了更新的疗法，叫做T-20、S1360等。可以预计艾滋病的疫苗最后一定能研制成功。曾有一段时间，报纸上已经说是研制成功了，就看最后的临床资料计算了。算出来以后，很可惜，没有显著性的差别，但可以说已经很接近成功了。

上面讲的这些工作用了多长时间呢？大概用了接

近20年的时间。但是2003年的SARS流行，我们实际上肯定SARS病人是在2月份、3月份的时候，全世界的科学家开始来研究它的病原，到了4月16号，也就是说，只用了几个星期的时间就找到了病原，完全证明了它符合科赫的四个原则。现在进一步把病毒的很多的蛋白都弄清楚了。我们现在看一看，不光是国外的科学家，还有国内的科学家，集体攻关也找到了一些蛋白，拿这些蛋白去寻找它可以结合的一些化合物，甚至可以用计算机设计。北京大学的一个研究组，也找到了很多中药里面的单种成分，可以跟某些很关键的蛋白特别结合，疫苗的研究也在进行。由此可见，现代医学，特别是生命科学的飞速发展，对我们跟传染病的斗争是非常有利的。现代科学从根本上改变了双方力量的对比，我们应该满怀信心，我们可以战胜任何传染病。

最后，我要讲的第三个启示是，在传染病的发生与流行中，社会因素是至关重要的。看起来是疾病，是医学的问题、生物学的问题，但是追踪起来，它和我们的社会生活是有密切联系的。首先我们从社会来看，全球化对传染病的影响是非常大的。历史上每次鼠疫、霍乱等疾病大流行，最后都可以给出一张地图来，总结出它的传播过程。比如说有一次霍乱，就是从孟加拉开始，到中国，到俄国，到欧洲，到美洲，它都可以追踪出来，往往传播几年、十几年为一个周期。但是现在进入了经济全球化的时代,物资的交流、人员的流动都极大地增加,很难讲传染病就是地区性的事情了,一种传染病在某一地方发生后,可能很快就会传播到全球。

另外,城市化的进程也大大促进了传染病的传播。传染病有一个最主要的前提条件,就是人的聚居。我们回到历史上看,真正传染病开始大量流行,一定是到了农牧社会,人类集体居住,土地的使用率大大提高时才可能发生。随着城市化的进程加快,人类的密集程度越来越高。特别是我们现在还有很多小城镇,新建立起的城镇。大家去农村看一看,很多农村有了钱,都盖房子,盖得非常漂亮,但是没有下水道,没有公共卫生设备,这样的城市化也会促进传染病的传播。现在像我们国家这样一个中等发展中国家,疾病谱也已经主要变成非传染病了,但是像非洲一些贫穷的国家,他们还是以传染病为主的,所以贫富差异也是造成传染病发生的原因。但是现在由于全球化的进程加快,南北之间联系密切,不能说那些贫穷地区随他去发生传染病,只要我们不发生就行了,这是不可能的,所以控制传染病是全球的责任,也是大家的责任。

我们再看一看生态环境。工业化的过程,造成了很多污染,导致很多生物的死亡,对我们整个生物链都有很大的影响。农牧业的活动对生态系统的影响也是非常大的。我们从历史上来看,有了农牧社会以后,才有传染病。现在的农牧业改变得更快,农业中农药的使用非常普遍。农药是杀一种病的病原体,但连带把其他的微生物统统杀光,这对微生物之间的互相制约是非常不利的,所以危害性很大。又比如我国西北有些地区现在无计划地放牧,把草都吃光了,老鼠随之成灾,以老鼠作为宿体的鼠疫就流行开来。再比如森林砍伐,欧洲中世纪的黑死病的影响因素之一就是由于北欧大量森林被砍伐,使得原先森林中的狼无处安身,老鼠就多起来,鼠疫得以流行。我们以前不知道狼吃老鼠,但是有研究人员指出,由于没有狼了,所以老鼠就多了,中间是不是还有另外的环节尚不清楚。在马来西亚发生的尼帕病,也是因为森林少了,有一种蝙蝠叫胡蝠,身上带有尼帕病毒,它们没有地方待了,就飞出来,到农户那里,吃树上的芒果,在芒果里面留下它的带病毒的唾液。当地人用这些芒果去喂猪,猪就得了尼帕病,就是发烧,患脑炎。人再吃了病猪的肉,从而得尼帕病。其根源是什么?根源就是森林被砍伐掉了,整个生物链发生改变。现在我国南方很多地方,有一种叫果蝠的蝙蝠,专门吃水果。由于现在森林面积大大减少,果蝠都飞出来了,专吃栽培的水果。而蝙蝠是带病毒最多的动物之一,它起码带30多种病毒,很可能会把病毒传递到水果上去。虽然引起传染病的可能性比较小,因为蝙蝠的病毒不能直接引起人患病,但蝙蝠的病毒如果传给了猪,猪里面还有别的病毒，它可以整合出新的病毒来，而作为哺乳动物的猪所带的病毒引起人类传染病的可能性就大大增强了。至于全球气候变化与旱涝灾害，就更不用说了。全球气温的变暖，可以加速传染病的传播，每次旱涝灾害以后，容易引发大疫。所以整个生态的改变，都对传染病有很大的影响。

药物滥用与血液制品污染对传染病的影响也是非常严重的。抗生素的滥用现在到了难以置信的地步。我们大家都得过感冒，一得感冒就吃抗生素，大家已习以为常。但抗生素是杀不死感冒病毒的，而对细菌显然是起作用的，若细菌未完全被抗生素杀死，就可能产生耐药性了。身经百战的细菌是了不得的。此外，抗生素杀不死病毒，但是有可能会改变它的结构，从而会产生出新的病原体。血液制品的污染，已经发生了一些传染病，世界上都有一些例子。我国河南省由于非法采血造成艾滋病流行的教训是惨痛的。

行为方式对传染病的影响也是很大的。如果说我们没有性乱、不吸毒，艾滋病的控制应该说是没有问题的。艾滋病的病毒是最娇贵的病毒，你把它们分离出来，不用怎么处理，它们都活不长，更不用说拿消毒剂去对付它们了。但是由于性乱，特别是同性恋，加上吸毒问题，所以在全国范围内，艾滋病非但消灭不了，而且越来越多。我们国家正式公布的HIV携带者已经超过84

万。还有一个现在大家都在讨论的问题,就是滥食野生动物,这个事情不久以前,在科学界争论得很激烈。我们有一些搞病毒的专家是广东人,你一说是广东人乱吃东西引起的SARS,他就跟你急。他说广东人怎么了?你有什么证据呢?好,现在有了一个证据,在果子狸身体里面找到了非典的病毒了,而且这个病毒证明是人的病毒的前体,是果子狸传给人,不是人传给果子狸的,而且检查10个养果子狸的人,5个人是抗体阳性。因此SARS很有可能是由吃果子狸造成的,不是说已经肯定它,但确实是可能的。为什么以前很多病毒跟我们人没有关系?因为这些病毒与野生动物和平相处,它们不会得病。但是它会不会侵害我们人呢?完全有可能。所以我们现在对于野生动物,确实不能随便去吃它。人类不能太贪婪,不要轻易地去破坏这种已经形成的相对的平衡状态。

最后,恐怖主义的威胁,就是人为地散布一些细菌武器、病毒武器,这就更可怕了。因为它可以更有目的地、更直接地来针对易感人群。现在恐怖主义在世界范围内肆虐,这是非常值得我们大家警惕的。所以美国在西雅图专门举行仿生物武器的演习,我觉得是好的。我们国家这次非典的流行,如果说我们能够及时把它控制住了,把它对经济、社会、人类健康的影响减少到最小程度的话,那么这一次防治非典也是最好的演习。对其中暴露出来的问题，如果我们能够及时地总结经验，我想对于公共卫生的一些突发事件，我们将获得非常大的免疫力，把坏事变成好事。

总的来说，我们今天回顾传染病的历史，特别是我们人类在跟传染病斗争的过程当中，一步一步取得的胜利，应该对现在的非典，或者是其他将来别的传染病的控制，更加充满信心。相比人类历史上造成的这些灾害来说，由于有现代科学的武器，我们对付传染病的力量是非常强大的。当然，并不是说我们可以掉以轻心，我们还要准备在相当长时间里传染病作斗争，来保障我们人民的健康，来保障我们经济与社会的全面协调可持续发展。

艾滋病的预防与控制

曾　毅

一、艾滋病的流行现状和发展趋势

二、艾滋病的宣传教育和干预

三、疫苗研发

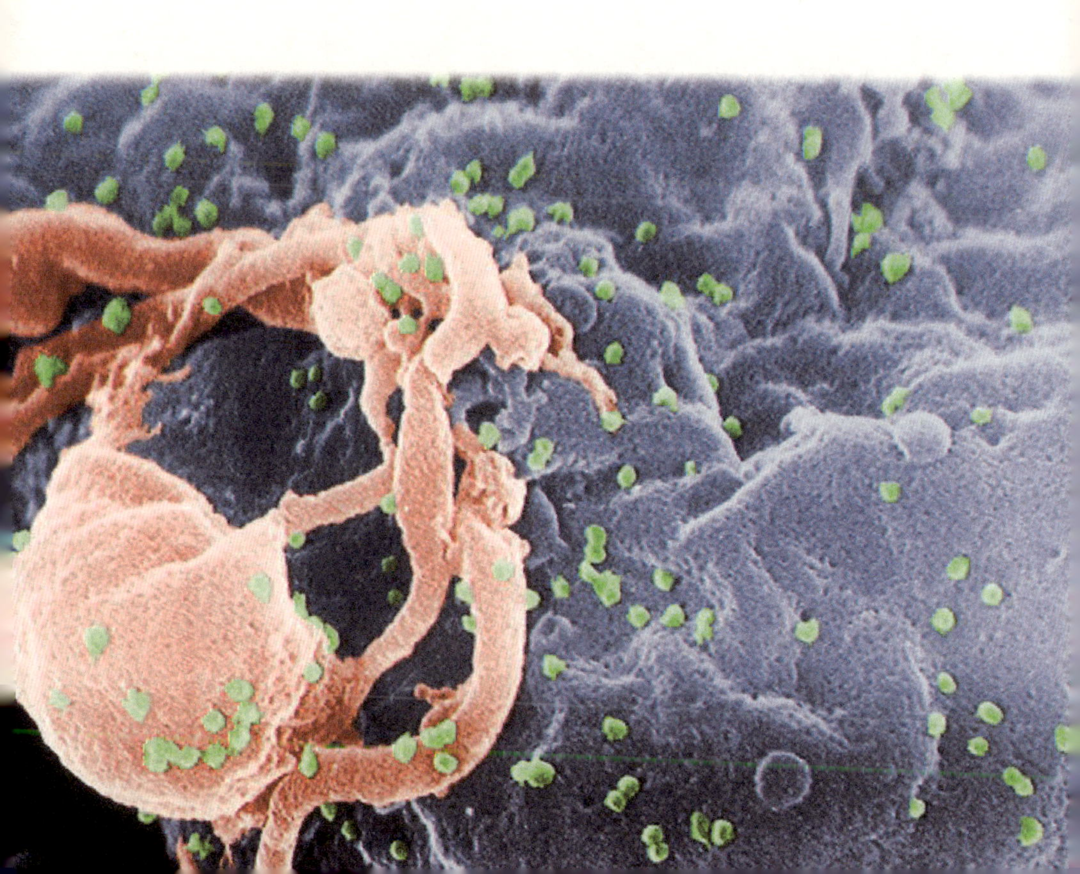

【作者简介】曾毅，病毒学家。广东揭西人，1929年出生。1952年毕业于上海医学院。曾任中国预防医学科学院院长、病毒研究所所长、国务院学位评审组成员、世界卫生组织全球顾问委员会委员和国际微生物联盟执委、中华预防医学会会长、中国预防性病艾滋病基金会会长等职。现任国家性病艾滋病预防控制中心首席科学家、病毒病研究所院士实验室主任、北京工业大学生命科学与生物工程学院院长、世界卫生组织肿瘤专家顾问组成员及联合国亚太地区艾滋病与发展领导论坛指导委员会成员等职。法兰西国家医学科学院外籍院士及俄罗斯

医学科学院外籍院士。

1974—1975年在英国的格拉斯哥病毒研究所出任客座研究员，从事肿瘤基础研究。1986—1987年在法国国家科学研究中心出任客座研究员，从事HIV的研究。从1973年起研究人肿瘤病毒与人癌症发生的关系。从1984年开始研究HIV的流行病学、分子流行病学、药物和疫苗。共发表中英文论文400余篇。曾获“国家杰出贡献中青年”称号，并获国家和部级科技成果20余项，获“陈嘉庚医药科学奖”及政府特殊津贴。

1993年当选为中国科学院院士。

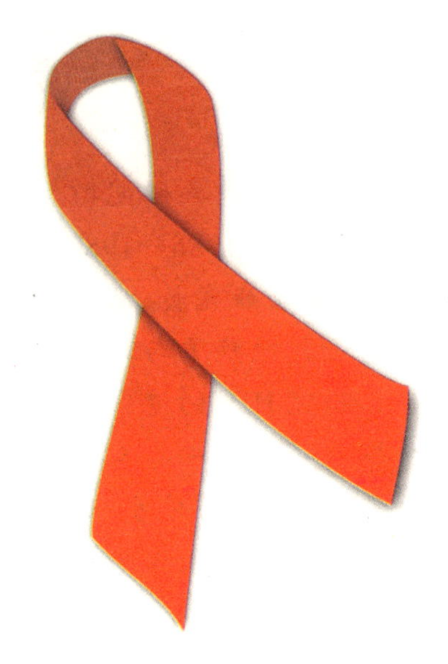

◀红丝带是对艾滋病认识的国际符号

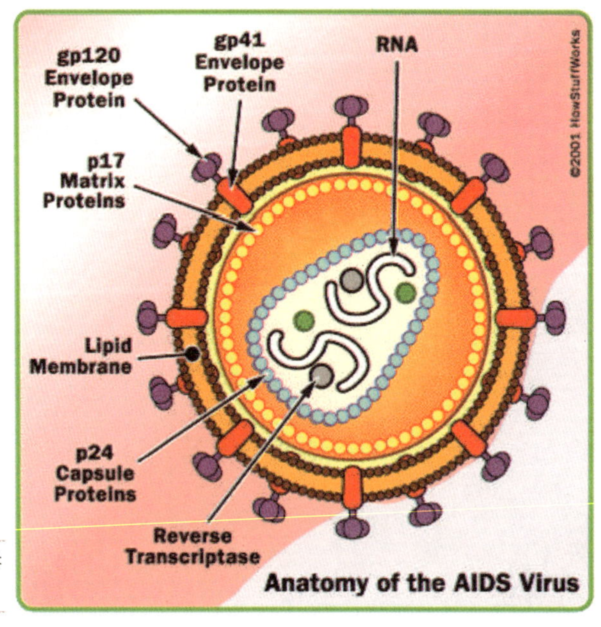

▼艾滋病病毒结构示意图

一、艾滋病的流行现状和发展趋势

1. 流行现状

从全球来看,自1981年在美国发现第一例艾滋病患者以来,截至2005年12月,累计活着的艾滋病毒感染者和艾滋病人(HIV/AIDS)为3940万人。仅2004年,就有490万新感染者,死亡310万人。

我们从1984年开始进行艾滋病的血清流行病学检查,证明艾滋病毒于1982年传入中国,1983年首次感染大陆的中国公民。1985年一个美籍阿根廷艾滋病患者来中国旅游,在北京发病死亡。1989年首先在云南发现经静脉注射吸毒的艾滋病毒感染者。1994年下半年发现供血者感染了艾滋病毒。此后,艾滋病在中国内地迅速地传播。2005年中国政府报告,截至年底,累计活着的艾滋病感染者和艾滋病人约为14.4万例,其中艾滋病人约为2.29万例,死亡8404例,这个数字远低于实际数字。卫生部估计,截止到2005年10月,活着的HIV/AIDS病例已达65万(54万~76万),其中艾滋病人7.5万例。约2.2万为供血和输血感染的,约5.3万是经注射吸毒、性途径和母婴途径感染的。人群感染率平均为0.05%。疫情发展非常严峻,估计2005年新发现的艾滋病毒感染者为7万人(6万~8万人),其中经性传播的占49.8%,经注射吸毒传播的占48.6%,母婴传播的占1.6%。艾滋病死亡2.5万人(2万~3万人)。见表1。

表1　2005年中国HIV/AIDS报告

政府报告累计存活HIV/AIDS	144089例
AIDS	22886例
死亡	8404例
2005年评估累计存活HIV/AIDS	65万
累计AIDS	7.5万
2005年新HIV感染	7万
死亡	2.5万
每年新感染者	6.8万

2. 流行趋势

(1) 血液传播

吸毒。吸毒者通过共用注射器经静脉传播艾滋病毒。吸毒在我国现已扩展到很多省。吸毒人群中的艾滋病毒感染者和艾滋病人约28.8万人,占评估总数的44.3%。其中云南、新疆、广西、广东、贵州、四川、湖南7省(区)吸毒人群中的艾滋病毒感染者/艾滋病人都在1万人以上,7省(区)吸毒人群中的艾滋病毒感染者/艾滋病人合计占全国该人群感染者和病人评估数的

89.5%。中国吸毒人群中的艾滋病毒感染率从1996年的1.95%上升到2004年的6.48%。

供血或输血者。通过供血感染艾滋病毒,在一些省份较为严重。在有偿采供血、输血或使用血制品人群中艾滋病毒感染者和病人约6.9万人,占评估总数的10.7%。其中,河南、湖北、安徽、河北、山西5省占全国该人群感染者和病人评估数的80.4%。河南省政府2004年报告全省卖血者280476人,其中HIV抗体阳性者25036人。现存活的HIV/AIDS有11815例。其中农村占11622例。河南省人群HIV感染率为3.5人/万人。HIV感染者主要是青壮年劳动力。供血感染不仅在河南,在其他省也有少数人是通过卖血被感染的。多年来政府大力防治,严禁卖血,从1996年后这种情况已逐步被控制。

(2)性传播

异性途径。暗娼和嫖客人群中艾滋病毒感染者和病人约12.7万人,占评估总数的19.6%。感染者的配偶和普通人群中艾滋病毒感染者和病人约10.9万人,占评估总数的16.7%。据统计,艾滋病毒感染者中,男性和女性的比例已由20世纪90年代的5:1上升到目前的2:1,局部地区已达到1:1,表明女性艾滋病毒感染者的比例在不断增加。

男性同性恋。中国的男性同性恋存在的问题比国外更为复杂。目前国内法律尚无相应条款限制同性恋，但这个现实并没有被社会普遍接受。许多同性恋者迫于社会压力结了婚，但还保留了同性性行为。综合各方面的报告，男性同性恋及双性恋，在我国约有2000万人，其中有1/2的人都与女性有过性生活。同性恋人群中约有1/4的人曾得过性病，而有性病的人更容易被艾滋病毒感染。男性接触人群中艾滋病毒感染者和病人约4.7万人，占评估总数的7.3%。

流动人口。我国流动人口约有1亿多，大多数来自农村，这些来城市务工的大都是青壮年，处于性活跃时期。据调查，卖淫的大多数来自农村。流动人口不仅容易在城市里被艾滋病毒感染，而且还会在被感染后把艾滋病毒带到小城市或者农村去，进一步传播扩散。

(3) 母婴传播

近年来女性感染艾滋病毒的比例显著增加。她们大部分处于生育活跃期，经母婴传播感染HIV的婴儿数量就会相应地增加。高流行区孕产妇的艾滋病感染率从1997年的0%上升到2004年的0.26%。母婴传播感染艾滋病毒约9000人，占评估总数的1.4%。

3. 艾滋病对社会经济的影响

我国经济管理专家李京文院士的研究组应用世界银行的“真实储蓄”来度量艾滋病的经济总影响，以及用系统观辅助度量艾滋病经济总影响，测算出艾滋病对我国2006—2010年间经济总量的净损失将超过3000亿元（当年价）。其中患者个体人力资源的部分或全部丧失的总量估计为2855.7亿元，对农业生产力的影响及其导致的全国GDP损失为164.5亿元。

二、艾滋病的宣传教育和干预

1. 国际成功的范例

目前国际上控制艾滋病流行的六大成功经验中最主要的是对公众进行宣传教育和干预。干预措施包括广泛的安全套的使用，规范的性病治疗及管理，对静脉吸毒人群进行美沙酮的代替疗法，对孕妇的治疗等。

英国在1986年，从中央到地方专门成立了健康教育机构，迅速普及了预防艾滋病的知识。把预防艾滋病的小册子送到每家每户，真正做到了家喻户晓。电影、电视台的宣传更是铺天盖地，每天都在宣传预防艾滋病的知识。国外经历的时间和状况跟我们相似，开始时，他们也非常恐惧，整个社会对艾滋病患者很歧视。通过不断的宣传、教育，整个社会才动员起来。

泰国自1988年报告约10万人感染了艾滋病毒，到1991年、1992年增加到50万～60万人。1990年泰国政府总理带头，协调各部门，全民参与宣传教育，采取各种干预措施，特别是在娱乐场所宣传100%使用安全套，每天在电视中都播放艾滋病预防控制知识。结果，泰国娼妓人数减少了，使用安全套的人数上升了，性病在不断下降，艾滋病毒感染率也迅速下降。联合国艾滋病规划署认为，泰国开展积极广泛的宣传教育和干预工作，其成效十分显著，到2004年底减少了700多万人，使他们不被艾滋病毒感染。这是预防控制艾滋病流行最成功的范例。

乌干达的宣传教育也非常成功。乌干达政府在1990年就对公众进行了艾滋病宣传，使原来孕妇带艾滋病毒率由20%～30%下降到1996年5%～10%，成效显著。相反，南非政府没有积极进行宣传教育和干预，艾滋病毒的感染率达25%以上。

澳大利亚的艾滋病的宣传教育做得很好，他们发动非政府组织一起参与，动员全国非政府组织和广大人群做宣传教育和干预工作，并采取了积极的干预措施。结果艾滋病毒感染者减少了，同性恋人群的艾滋病毒感染率从10%减少到1%，妓女的HIV感染已经很少了。

美国有关资料报道，从2002年至2010年，全球将有HIV新感染者4600万人，如果积极进行宣传教育和干预，将有2900万人(2/3)可以不被HIV感染，由此可见宣传教育和干预的重要性。

2. 资金投入

1993年，全球投入21.5亿美元防治艾滋病，其中15亿用于宣传教育和干预，占全部经费的70%。只有积极地进行宣传教育和干预，才能最有效地控制艾滋病的流行。泰国为了成功控制艾滋病流行，为此投入了大量的资金。一个6000多万人口的泰国在1995年艾滋病流行高峰期政府投入20多亿泰铢，约合人民币5500万元，而且这些资金是泰国自己投入的，国际的支援仅占很少的比例。

美国有关资料报告，预防一个人不被艾滋病毒感染约需要1000美元，约合8000元人民币。以此计算，全球如果要减少2900万人不被艾滋病毒感染，需要290亿美元。如不积极进行宣传教育和干预，从2002年到2010年全球将有4600万人被艾滋病毒感染；如果进行宣传教育和干预，在这9年中可以减少2900万人不被艾滋病毒

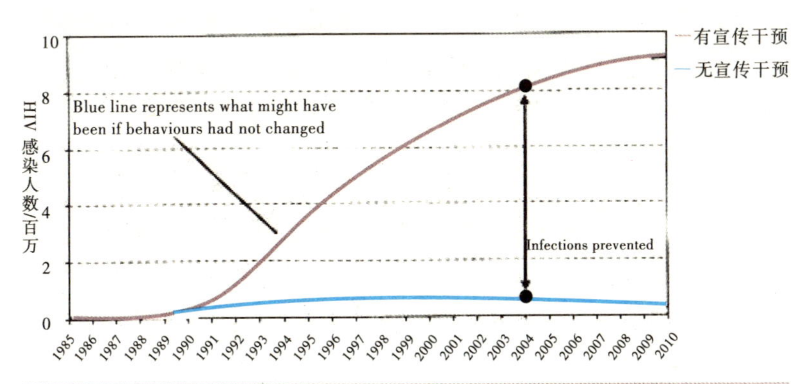

▲图1　泰国比较有无宣传干预与HIV感染流行之间的关系(2004年)

感染，也就是2/3的人可免受艾滋病毒感染，这是很大的成就。参见图1。

我国如果能够通过宣传教育和干预减少2/3艾滋病毒感染者，也是很大的成就。就全国来讲，如果不对广大人群进行深入的宣传教育，不对重点人群实施行为干预，就不可能控制艾滋病的蔓延。自2000年开始，我们深入到农村开展艾滋病健康教育，与山东潍坊市政府合作搞试点，提出在县以下农村基层艾滋病知识知晓率达到70%以上的目标。由于进行了大规模的宣传，通过电台等各种媒介，利用大型展览，搞知识竞赛、文艺演出等多种形式宣传普及预防艾滋病性病知识，收到了显著效果，艾滋病知识知晓率由50%上升到70%～80%。根据我们在山东潍坊进行5年多的宣传教育和干预工作的经验，每个人平均花2元钱，全国只需26亿元人民币，就可以对13亿人群进行一次普遍的很好的宣传教育和干预，使群众的艾滋病预防知识知晓率达到70%以上，就有可能大大降低人群中HIV的感染。所花的费用远比外国少。

我国在宣传教育和干预方面虽然做了很多工作，但多是在每年12月1日“世界艾滋病日”前后，主要是在大城市，而中小城市做得少，广大农村做宣传教育的力度就更小了。农村人口占全国人口的80%，现在吸毒、卖淫、卖血的致患者，70%～80%来自农村，如果不对农村广大群众进行宣传教育和干预，他们就不能掌握必要的预防知识，也就不知道怎样去预防，中国的艾滋病就很难得到有效控制。社会上许多人对艾滋病患者抱着歧视态度，这说明人们并没感到有责任关爱艾滋病患者。人们恐惧艾滋病，害怕与艾滋病人接触会被感染。艾滋病毒感染者和艾滋病人自己有很沉重的耻辱感、自卑感，甚至走上轻生的道路。种种表现都说明对艾滋病的宣传教育和干预做得很不够。

近年来我国政府做了很多工作，中央财政也大量增加了对防治艾滋病的投入，从500万到1000万，增加到20多亿，其中12.5亿元拿来改进血液的安全供应，使我国使用血液的安全性显著改善。10亿中每年1亿用于做艾滋病的防治工作。近年来又进一步增加了大量防治和研究经费。如2004、2005年中央财政大幅度增加各达8亿元人民币。中国政府现在正在艾滋病流行较严重地区继续以医疗为中心开展示范县的宣传教育和干预工作，这是很好的。政府积极贯彻“四免一关怀”政策，免费治疗艾滋病人，使病人恢复健康，稳定社会秩序。同时治疗可以显著降低病人的艾滋病毒载量，很低的病毒载量可以大大减少病毒的扩散传播，十分有利于艾滋病的预防控制。由于艾滋病毒通过吸毒和性传播途径在全国继续扩大，因此最好在2～3年内能在全国，特别是能在农村和青少年中以及流动人口中进行广泛、深入和持久的宣传教育和干预，只有这样才能更有效地控制艾滋病在我国的流行。

三、疫苗研发

全球25年艾滋病防治的经验和教训提示，尽管社会对艾滋病的认识水平和防治措施的力度一直在不断地增强，但每年HIV/AIDS的新发感染人数并无降低，因而全球艾滋病的防治亟须依靠新的技术手段和防治策略。国际社会已经形成共识：艾滋病的防治是一项长期的任务，战胜艾滋病必须依靠可持续发展的防治策略，只有同时进行以宣传教育为主的社会行为干预和以疫苗为主的生物医学干预，人类才能最终战胜艾滋病。

疫苗控制传染病具有最好的成本效益，对资源有限的发展中国家来说，将艾滋病疫苗作为一项可持续发展的策略尤为重要。我国建国以后大力推行以疫苗为主的传染病控制策略，实施全民计划免疫，先后消灭了天花和小儿麻痹症，也使许多常见传染病处于接近消灭和完全受控的水平，大大提高了人民的健康水平，促进了经济发展和社会进步。鉴于大多数发达国家已基本控制了本国艾滋病的流行，而发展中国家则仍在花大力气试图遏制不断增长的流行势头，发展中国家对于疫苗策略的需求比发达国家更为迫切。

1. 国际艾滋病疫苗研发的历史经验与重大策略调整

(1) 国际艾滋病疫苗研究历史和重要发展阶段

纵观艾滋病疫苗20年研究史，可以大致分成三个逐渐改进与完善的阶段，各个相邻阶段间存在一定相互交叉。

第一阶段(1984—1993年)：是艾滋病疫苗研究的起始阶段，主要特点是疫苗以单一的蛋白亚单位疫苗(gp120或gp160)为主，以诱导抗体预防病毒感染为主要目标，忽视细胞免疫的作用。在欧美和泰国完成的两个HIV疫苗Ⅲ期临床试验，没有观察到疫苗具有保护效果，这标志着第一阶段HIV疫苗的失败。

第二阶段(1994—2001年)：特点是强调疫苗的细胞免疫反应，但忽视了体液免疫的作用。该阶段的疫苗形式以诱导细胞免疫反应的重组病毒载体疫苗（痘苗、金丝雀痘病毒、腺病毒等)为主。

第三阶段(2002年至今)：总结了前两个阶段的教训，疫苗诱导的免疫反应更加注重体液和细胞免疫反应的均衡，伴随着超感染(同一个体先后感染不同的HIV毒株)以及其他病毒逃逸细胞免疫现象的发现，有效抗艾滋病疫苗的概念被进一步更新。尽管疫苗的形式仍为DNA疫苗、活载体疫苗、多价蛋白疫苗，但疫苗的作用机制主要在于激活对不同亚型的HIV感染、具有交叉保护作用的细胞免疫或中和抗体。

(2) 国际艾滋病疫苗研究现状

国际上已进行了120个艾滋病疫苗的临床测试，而正在进行临床测试的艾滋病疫苗包括：29个Ⅰ期临床试验，4个Ⅰ/Ⅱ期临床试验，3个Ⅱ期临床试验和1个Ⅲ期临床试验。测试疫苗的形式包括：重组病毒载体疫苗、DNA疫苗、蛋白/多肽疫苗以及不同疫苗的组合。已完成的第一代抗体疫苗的三期临床试验（VAX003与VAX004）以失败告终。

第二个规模更大的艾滋病疫苗Ⅲ期临床试验还在进行之中。此疫苗以诱导抗体为主，以诱导细胞免疫为辅，其有效性有待于验证。

上述研究主要是预防性疫苗，少数是治疗性疫苗。

综上所述，无论是艾滋病抗体疫苗还是T细胞疫苗均尚处于早期阶段，目前所研制的疫苗在理论上均难以克服艾滋病毒所带来的挑战。众所周知，艾滋病毒Ⅰ型至少包括9个亚型和众多的重组型（我国的主要流行株即是B/C重组型），而且，病毒可不断地通过遗传变异以逃逸免疫系统的识别与控制，因而使研发有效的艾滋病疫苗成为人类特别是科学家当今所面临的最为重大的挑战，国家须从长远的策略高度加以重视。

(3) 国际艾滋病疫苗研发的策略调整

加强科研机构之间的合作。从21世纪开始，各国政府和国际组织纷纷加大了对艾滋病疫苗研究的经费投入，同时，对研究组织也进行了大的战略调整。具体表现在：进行国内资源的整合和团队重组，推动区域合作并带动了全球范围的大联合，形成了全球合作联合攻关的良好态势。

美国政府在克林顿当政时期投资数亿美元于1998年在NIH组建了疫苗研究中心（Vaccine Research Center, VRC），VRC在其后的数年之中已开展了三项艾滋病疫苗Ⅰ期临床和一项Ⅱ期临床试验，并正在筹划Ⅲ期临床试验。

鉴于VRC的成功经验，2005年美国NIH又拿出3.5亿美元的巨资设立了CHAVI（Center for HIV/AIDS Vaccine Immunology），即艾滋病疫苗免疫中心，包括5支研究团队与5个研究核心。该计划与VRC不同之处在于不是新建另一个研究所，而是整合了美国大学和研究院核心队伍形成研究网络，成为美国第二个大规模的艾滋病疫苗攻关群体。该项目由杜克大学牵头，哈佛、牛津等著名大学参与，研究范围包括从基础疫苗设计到GMP生产和临床试验的全过程，试验现场远及非洲5国。这种新的机制很值得我国借鉴。

为了加强艾滋病疫苗研发能力，加拿大政府于2001年也成立了疫苗和免疫治疗网络（Canadian Network for Vaccines and Immunothera peutics, Canvac），该网络集中了加拿大最优秀的病毒学、免疫学和分子生物学领域的科学家，与生物制药公司联合，形成了代表国家能力的艾滋病疫苗研究强强合作的攻关团队。该网络在不到3年时间内已成为国际艾滋病疫苗研究中的一支重要力量。即使作为发展中国家的南非，也早在1999年就建立了本国的艾滋病疫苗研发计划（South African AIDS Vaccine Initiative, SAAVI），以协调南非的HIV/AIDS疫苗研究、发展和临床试验，希望通过国内、国际的联合研究在最短的时间内研制出经济、有效、针对本地流行株的预防性艾滋病疫苗。

支持以企业为主体的研究及开发。早期由于风险高、难度大、市场前景不明，仅有为数不多的几家生物技术公司如VaxGen、Chiron从事艾滋病疫苗的研发。近年来，随着市场需求及企业公民意识的增强，大型制药与疫苗公司如默克（Merck）、圣诺菲-巴斯德（Sanofi-Pasteur）、葛兰素史克（GSK）、惠氏（Wyeth）等公司也都加大了艾滋病疫苗研发的投资。例如默克公司投资数亿美元在全球范围率先进行了大规模的以腺病毒载体为主的疫苗临床试验。默克公司与圣诺菲-巴斯德公司联合进行了腺病毒—痘病毒载体联合免疫的临床试验。此外，默克公司与NIH和HVTN等共同开展了临床II试验。艾滋病疫苗的最终产业化需要有企业的积极主动参与才能取得成功。

扩展国际合作。泰国在政府的主导下于20世纪90

年代中期就在WHO的支持下建立了国家艾滋病疫苗规划，成立了由政府牵头的协调委员会，使泰国成为进行国际艾滋病疫苗临床试验和评价最多和最成功的国家，在国家和WHO的监控下既保护了本国受试人群的权益，又吸纳了国际先进临床研究经验和巨额（3亿~4亿美元）资金支持。

随着欧盟实力的不断增强，欧盟科技部已逐渐成为欧洲最大的科研资助机构。欧盟组织和启动了欧洲艾滋病疫苗计划（EuroVac），整合了法国、意大利、德国、荷兰、西班牙、瑞典、瑞士和英国的21个在各自领域内顶尖的实验室和其他国家的优秀研究团队，形成了强大的疫苗联合研究团队。

联合国艾滋病疫苗规划署（UNAIDS）协助发展中国家发展旨在保护受试人群利益和发展中国家利益的国家艾滋病疫苗规划；美国盖茨基金会积极倡导和寻求与发展中国家从疫苗研究早期入手全程合作，在其主导的全球HIV疫苗企业计划中将发展中国家并入其拟组建的全球疫苗研发中心；美国NIH每年支出5000多万美元建立以发展中国家为重点的艾滋病疫苗试验网络（HVTN）；欧盟也投入5000万欧元启动了以非洲国家为主的HIV疫苗试验现场建设的欧洲发展中国家临床试验网络项目（EDCTP）计划。然而，具备疫苗研究经验、生产条件、评价队伍和管理体系的发展中国家十分有限。国际机构普遍认为中国是最有潜力的合作伙伴之一。

2. 我国艾滋病疫苗的状况、存在的问题

(1)我国艾滋病疫苗的状况

大规模分子流行病学研究奠定了我国艾滋病疫苗研究的坚实基础。在国家基础性,公益性研究课题和艾滋病防治项目的支持下,中国CDC性病艾滋病预防控制中心自20世纪90年代起在国内系统地开展了大规模的全国HIV分子流行病学研究,调查HIV感染者5000多人,摸清了中国7个HIV亚型的地理和人群分布,建立了拥有3000多个HIV流行株序列的基因库,从中筛选了主要流行代表株B'/C重组亚型CN54毒株和B'亚型RL42毒株作为疫苗原型株(这两类毒株占全国感染人群的80%)。这些工作为国内多支艾滋病疫苗研究队伍提供了基因克隆和序列资料,有力推动了国内的研究工作。

初步建立了HIV疫苗生产的技术平台。与艾滋病疫苗设计与研发相比,我国开展基因工程疫苗生产的能力和经验则更缺乏。但在“十五”期间,国内多家生物制药企业如长春百克和北京生物制品研究所与上游研发团队紧密合作,开展了DNA疫苗和病毒载体疫苗的生产工艺和质量控制方面的研究,探索出了一套既适合我国生产条件又达到国家GMP标准并与国际接轨的生产工

艺和质量控制标准。这既支持了该阶段两组国产疫苗进入临床和临床申报,又为培训出一支能承担新疫苗生产的专业队伍提供了资源和经验的积累,为我国下阶段艾滋病疫苗的大发展打下了良好的基础。

我国艾滋病疫苗研究已取得的主要进展。由中国疾病预防控制中心性病艾滋病中心与欧洲合作研制的、第一个我国拥有部分知识产权的重组痘苗病毒载体艾滋病疫苗(NYVAC-C)已于2005年初报告其I期临床研究结果。I期临床结果显示,NYVAC-C安全可靠,两次NYVAC-C免疫之后,在50%的志愿者中测得较高水平的HIV特异性CD8+ T细胞。在欧洲进行DNA疫苗和NYVAC-C联合免疫的I期临床研究。

我国境内第一个由长春百克生物公司与美国霍普金斯大学合作研制的DNA和安卡那株痘苗病毒艾滋病疫苗已于2005年3月正式启动I期临床试验。此疫苗沿用国外成熟的技术平台,采用DNA与非复制型重组安卡那株痘苗病毒为载体,插入我国流行株CRF08-BC来源的免疫原基因进行联合免疫。此研究已基本结束,研究结果尚有待于公布。此疫苗的临床研究标志着我国境内T细胞疫苗临床试验的开始,这为我国今后的艾滋病疫苗临床研究奠定了基础、积累了经验。

由中国疾病预防控制中心性病艾滋病预防控制中心与北京生物制品研究所联合研制的、我国拥有完全自主知识产权的DNA和复制型天坛株痘苗艾滋病疫苗已完成实验室研究和安全性评价，目前正在国家药监局进行临床试验的审批。

除上述提及研究之外，我国在非复制型天坛株痘苗疫苗、腺病毒载体疫苗、腺病毒相关病毒载体疫苗、仙台病毒载体疫苗、多肽表位疫苗、蛋白疫苗等方面的艾滋病疫苗临床前研究上均取得了一定的进展。

(2) 我国HIV疫苗研发存在的主要问题

尽管我国HIV疫苗研究取得了一定的成绩，但从总体上来说，在国际上的影响力有限，已在国际上完成或正在进行的120多个HIV临床试验中，在我国进行的只有两项，而且试验的疫苗均没有我国的自主知识产权。造成这种现状的原因是多方面的，包括：上游研发资金的投入严重不足；研究创新不够：队伍间缺乏合作；疫苗研发上下游脱节，致使完成研制的疫苗进入GMP生产和由生产走完临床报批的周期太长。对研制疫苗这样的贯穿上下游的系统工程仍采用条块分割的资助方式，缺乏连续和跟踪的资助机制。由于各类课题分散设立和每个课题的经费额度都不大，各队伍自身难保，只能独自研究，很少开展合作，无法形成合力。因而我国HIV疫苗研究总体实力远不如欧美，甚至不及一些已组建了国家HIV疫苗计划的其他发展中国家。

3. 对国家艾滋病疫苗研发策略的建议

(1) 国家艾滋病疫苗研发策略的总体框架

国家艾滋病疫苗研发策略(CNAVSP)的规划应设立三个工作框架:一是基础与前沿技术,二是基地与平台建设,三是重点项目。基础与前沿技术项目按研究性质分为基础研究、应用基础研究和应用研究三个领域。基地建设包括保证艾滋病疫苗临床试验顺利开展的三个主要技术平台,它们分别是:支持临床前和临床试验研

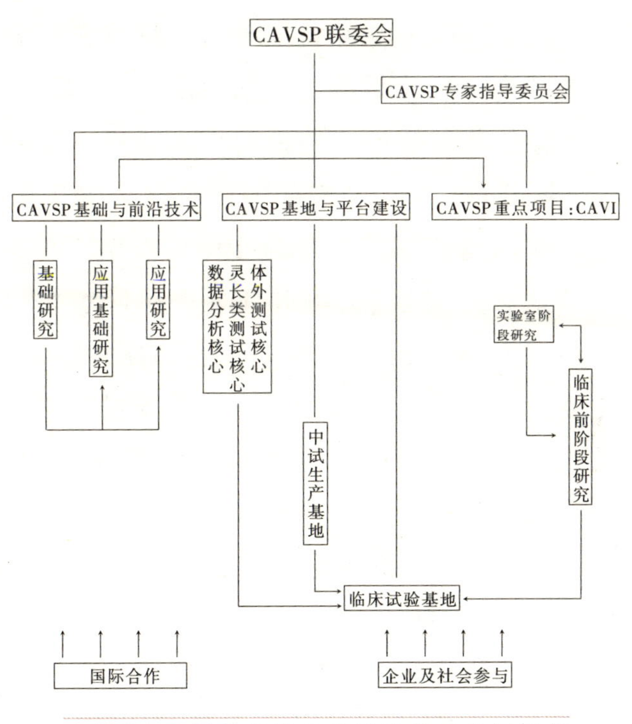

▲图2 中国艾滋病疫苗研发策略规划框架

究的体外免疫测试核心、体内免疫测试(灵长类动物)核心和数据统计核心,进行临床试验疫苗生产的GMP中试基地和主要用于开展Ⅱ、Ⅲ级大规模疫苗评价的临床试验基地(见图2)。CNAVSP框架中,国内外以往研究计划所没有的,欧美各国近年来才建立并给予重点支持的则是团队式重点项目,建议按国际习惯用"中国艾滋病疫苗计划"(China AIDS Vaccine Initiative, CAVI)为其名称。CAVI计划的是将我国自主创新艾滋病疫苗研究的核心资源和骨干队伍进行整合,强强联合,形成从实验室研究、中试生产到临床试验的完整的疫苗研发系统,加速推进其进入临床试验,实现国家中长期规划制定的完成中国特色艾滋病疫苗的Ⅲ期临床试验的目标。

CNAVSP的三个工作框架各有侧重又相互支撑。这样我国艾滋病疫苗在三个互为支撑的框架支持下,既能自主创新地独立发展,又可胜任各类国际竞争,吸引国际资源与我开展疫苗合作和多中心临床评价。这样我国的艾滋病疫苗就能借助国际合作潮流的推动,实现跨越式的发展,既为全球攻克艾滋病疫苗作出中国的贡献,又能保证成功的疫苗组合中有我国的自主知识产权,使我国在未来疫苗领域中占据主动,避免出现艾滋病药物受制于人的局面。

(2) 国家艾滋病疫苗研发策略的研发周期和预算

加大政府经费投入。经费不足是我国艾滋病疫苗研究、研发存在的主要问题之一。建议国家设立艾滋病疫苗发展战略专项基金，大幅度增加经费的投入。5年经费约需10亿元，年均2亿元。如果设立专项短期内无法实现，建议以科技部“863”、“973”和自然基金委的经费支持三个工作框架中的面上项目，用国家计委和科技部基础和公益性经费支持基地建设，用科技部“十一五”国家传染病重大专项和攻关项目及卫生部艾滋病防治经费中的科研经费支持CAVI计划。除国家投入外，还应建立吸引地方配套经费、企业投入、社会捐助和国际合作渠道资金投入的机制，尤其是在中下游研究领域。

调整投入重点，鼓励以企业为主体的创新模式。我国政府增加科技投入，应主要投向涉及知识产权归属的疫苗上游研究领域，以提高我国疫苗研究队伍的自主创新能力。其中应重点保证CAVI计划的资金需求，因为这是我国冲击国际艾滋病疫苗领域，保证未来成功的疫苗组合中有我国的一席之地的主要力量。在疫苗研发的基地建设上，各类疫苗测试和数据分析核心也都应由国家投入，因为它们是为整个疫苗研发进行技术服务的。疫苗的中试基地则应采取国家投入和企业配套相结合的方式，因为拟建立的GMP生产基地多已具备一定的条件，建成的设施也可为企业进行其他产品的生产。由于临床研究所需周期长，需要资金投入大，而且是疫苗产业化的主要限速环节，疫苗临床试验基地的早期建设亦应以国家投入为主。当基地建成后则可减少国家的投入，其主要运转可以靠开展疫苗临床试验的服务费用维持。但对国家计划内的疫苗试验和国际多中心临床试验应有不同的标准，因为后者并没有进行前期投资。同时，逐步建立相应的政策与机制，鼓励企业参与及先期投入疫苗的研发，在产生成果和获得知识产权后，国家予以补贴及配套支持。

实施课题分类资助。建议在国家艾滋病疫苗研发策略的面上项目中对研究课题给予分门别类。第一个门类即面上项目，是与艾滋病疫苗相关的各类研究，包括基础研究（针对疫苗免疫的科学问题）和应用基础研究（针对疫苗免疫的技术问题）。面上项目的资助周期一般为2~3年，个别针对重大科学问题或复杂技术问题的研究可延长至4~5年，课题资助强度应加大到每年30万~50万。第二个门类是CAVI框架下的协同攻关。应根据已定型的创新性设计，直接开展某型疫苗的研制工作。可分为三个阶段，即概念验证期（2年）、临床前期（2~3年）与临床期（2~5年，视Ⅰ、Ⅱ、Ⅲ期而定）。应组建中国艾滋病疫苗计划，重点支持上游艾滋病疫苗研究；调配资助资源，形成对不同阶段艾滋病疫苗研究的连续资助机制。

(3) 国家艾滋病疫苗发展战略的管理机制

国家艾滋病疫苗发展战略的领导和协调机制。我国艾滋病疫苗发展战略成功与否的关键也在于能否在相关政府各部门建立起有效协调机制。我们建议，为推动国家艾滋病疫苗发展战略工作，应成立包括科技部、卫生部、药监局以及国家自然科学基金委等负责研制、使用和管理艾滋病疫苗的政府部门在内的联合委员会（联委会）。该联委会应设在国务院防治艾滋病工作委员会之下，负责艾滋病疫苗这一事关防治艾滋病长远战略的专项工作，向国艾委领导负责。

国家艾滋病疫苗发展战略的科学保障机制。为使国家艾滋病疫苗发展战略科学和有效地指导我国艾滋病疫苗研发工作的健康发展，应建立常设的国家艾滋病疫苗发展战略专家委员会，就国家艾滋病疫苗发展战略的宏观规划提出建议草案，对研发进展进行科学的评估，对疫苗在艾滋病防治中的应用提出政策性意见。该专家委员会下可设三个分委会，分别负责对国家疫苗战略的三个工作框架研发项目的立项提出建议，对课题研究进展进行定期的科学评价，并就未来研发计划向联委会提出意见。

国家艾滋病疫苗发展战略的研究管理机制。在国家艾滋病疫苗发展战略的三个框架中的面上项目和基地建设中，各研究课题应实行课题负责人负责制。CAVI框架则应设首席专家，实行首席专家负责制。这是因为当前艾滋病疫苗的发展方向是复合型疫苗，即不同种类疫苗的联合免疫应用,只有将各类疫苗及其与之相关的不同免疫技术和策略纳入同一研究计划,并给予统筹考虑,才能奏效和具有高效率。在CAVI的总课题下应设子课题,课题负责人在首席专家领导下负责一个方向的研究工作。

CAVI的长远发展计划经CAVSP专家委员会CAVI分类会审核通过,并接受专家委的定期评估。CAVI的日常研究工作由首席专家牵头,由各子课题负责人参加的CAVI执委会协商决定。CAVSP的面上项目研究产生的新的创新性课题可由CAVSP专家委面上项目分类会推荐,申请新的CAVI项目。经专家委审核通过后立项,启动新的CAVI课题研究。

国家艾滋病疫苗发展战略的对外合作。国家艾滋病疫苗战略联合委员会及其专家委员会将作为组织国内外艾滋病疫苗研究的最高协调和科学指导机构,可统一协调国外艾滋病疫苗与我国进行的大规模技术合作,包括我国艾滋病疫苗的研究能力(如CAVI团队开展的自主创新艾滋病疫苗研究)、GMP生产能力和试验现场资源等。

谈谈生物膜

杨福愉

一、生物的基本结构与功能单位

二、生物膜的组成与结构

三、膜蛋白的研究情况

四、生物膜与医药的关系

五、问答

【作者简介】杨福愉，中国科学院院士，生物化学家。生于1927年，浙江镇海人。1950年毕业于浙江大学化学系。1960年获苏联莫斯科大学生物学Ph.D学位。历任中国科学院生物物理所研究员、副所长、生物大分子国家重点实验室学术委员会主任，北京生物化学与分子生物学学会理事长，中国生物化学与分子生物学学会副理事长等。

长期从事生物膜研究，围绕膜脂—膜蛋白相互作用对线粒体膜、红细胞膜、人工膜进行探索。发现Mg^{2+}对线粒体H^{+}—ATP酶重建于脂质体具有关键作用，提出Mg^{2+}通过改变膜脂流动性影响H^{+}—ATP酶

构象与活性模型，为膜脂物理状态影响膜蛋白的结构与功能提供一个清晰的实例。在微量元素研究方面，发现Se(硒)除通过谷胱甘肽过氧化物酶发挥作用外，还对人红细胞膜骨架有直接稳定作用。注意基础研究联系农、医实践，在大量实验基础上提出“克山病是一种心肌线粒体病”的观点，发展了克山病发病机理的研究。用“匀浆互补法”来预测谷子等农作物的杂种优势，获得理想的结果。在国内、外刊物曾发表200多篇论文，专著两部。曾多次获国家自然科学奖、中科院自然科学奖、科技进步奖、何梁何利基金科学与技术进步奖等。

一、生物的基本结构与功能单位

我谈的是生物膜，而不是像塑料薄膜一类的非生物膜。讨论生物膜就要从生物最基本的结构与功能单位——细胞谈起。因此，第一个问题就是什么是生物膜？大家可以从图1看到细胞的模型，图的左边是动物细胞的模型，右边是植物细胞的模型，无论是动物细胞还是植物细胞，其外面都有一层细胞膜。而且细胞内部也充

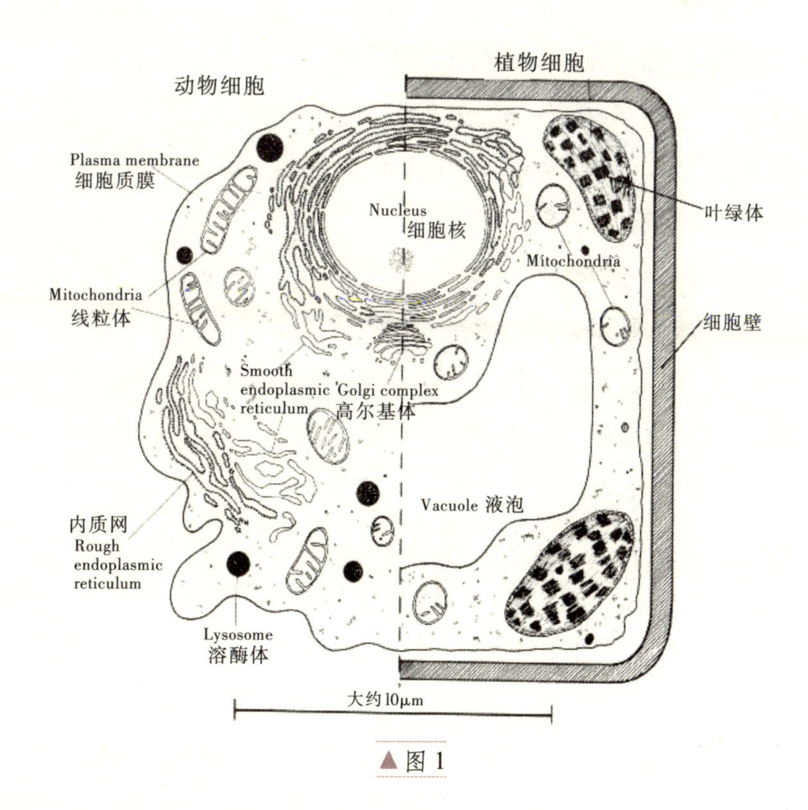

▲图1

满了膜的结构，无论是细胞核、高尔基体、线粒体，还是内质网、溶酶体、液泡等等都有膜的结构。生物膜就是细胞膜和细胞内膜系统的统称。因此，假如认为细胞膜就是生物膜那是不全面的。我们可以说，生物膜是细胞的基本结构，假如没有膜，就不成为细胞。如果将细胞设想为内装有无序的千千万万生物大分子与各种小分子的口袋，那是错误的。细胞内的各种反应都是有序的，生物膜为生物大分子和各种小分子的有序反应提供结构基础。由于膜的存在，细胞形成大小不一的小区——细胞器和亚细胞结构，他们既相对独立，具有各自的组成与内环境，又相互联系，相互协调，这样才能表现出又和谐又有节奏的生命活动。因此，可以说，没有生物膜，就没有细胞的存在。

生物膜功能很广泛，也非常重要。凡生命过程中的重要问题，例如，能量转换，物质运送，信息识别与传递，神经传导，代谢调控，激素、药物作用以及疾病发生等等，分析到最后无不与生物膜有关。

二、生物膜的组成与结构

生物膜主要由膜脂、蛋白质和糖组成的超分子体系，从图2可以看到，脂的双层结构是生物膜的支撑。其上有膜蛋白，生物膜的功能主要由它们来体现。从图中

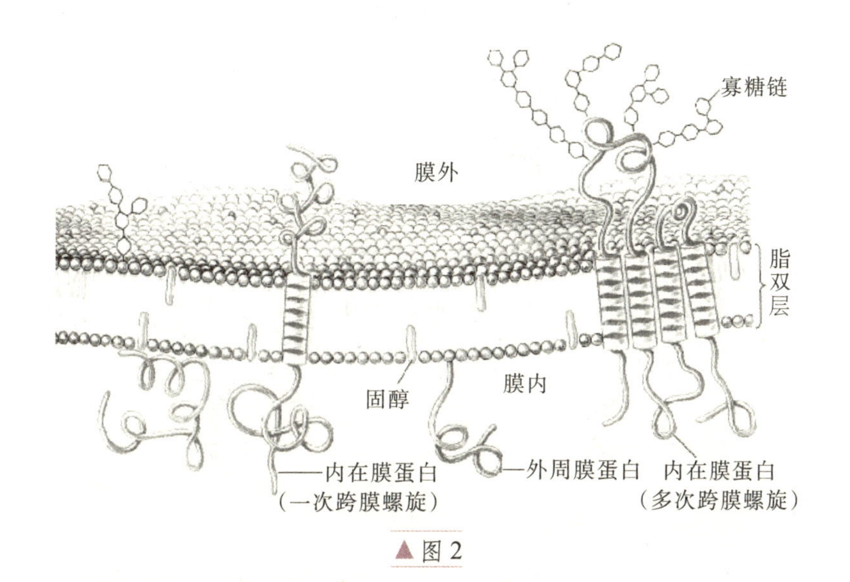

▲图2

还可以看到，从膜中伸出的糖分子，它们与蛋白质或膜脂相结合，犹如天线一样，主要接受细胞外的信息并传递至胞内。

1972年美国Singer和Nicolson提出生物膜模型，或称流体镶嵌模型(图3)。他们认为无论膜脂还是膜蛋白都不是静止而是流动的。膜蛋白有的镶在膜的表面，有

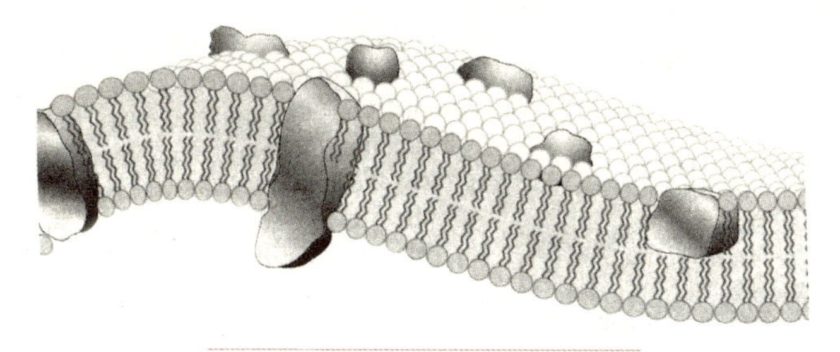

▲图3　生物膜流动镶嵌模型

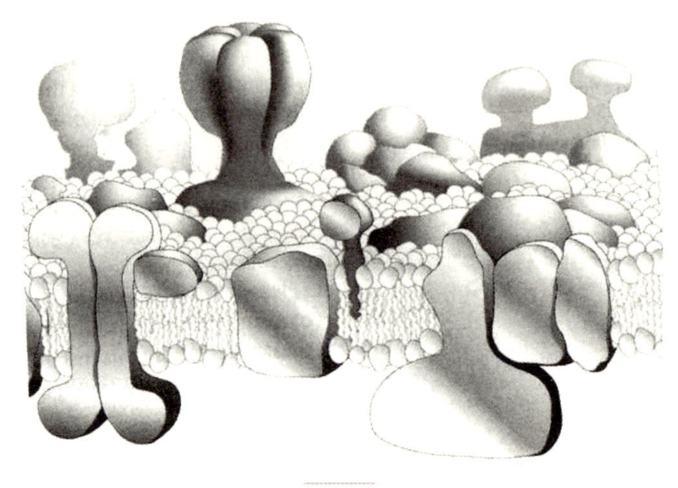

▲图 4

的嵌入膜中甚至跨膜分布。经过30多年的研究，现在看来这一模型需要进行修正。图4中所列出的模型与Singer和Nicolson提出的模型相比较，膜蛋白的含量大大增加了，从而显得有点拥挤，而不像Singer和Nicolson模型中膜蛋白在膜上的分布是那么疏松。据估计，大肠杆菌的细胞膜所含的膜蛋白约有1000多种。

三、膜蛋白的研究情况

前面我们已经谈到生物膜的功能主要通过膜蛋白来体现。随着对膜蛋白功能的研究逐步深入，人们都希望了解膜蛋白的高级结构——三级结构、四级结构，但是解析膜蛋白的高级结构难度很大，一则膜蛋白的含量一般比较低，二则它们的分离、纯化也很不容易，三则膜蛋白很难获得三维晶体。因此长期以来与水溶性蛋白质相比较，膜蛋白三级结构的解析始终处于滞后状态。到2006年3月底为止，三维结构获得原子分辨率解析结果的蛋白质累计已达30000多个，其中膜蛋白仅有100多个，约占0.4%～0.5%（见表1）。

表1 已解析原子分辨率的蛋白质(2006.3.28)

总数	32500
膜蛋白	104(197)

20世纪80年代Michel等三位德国科学家因首次获得膜蛋白——紫色细菌光合反应中心的结晶，并成功地解析其三维结构，从而荣获1988年诺贝尔化学奖。

我国科学家最近几年对膜蛋白三维结构的解析也取得了可喜的成绩。2004年中科院生物物理所常文瑞教授、柳振锋等与中科院植物所匡廷云院士合作解析了菠菜捕光色素复合物Ⅱ的三维结构（图5），这是定位于叶绿体膜上与光合作用密切相关的膜蛋白。2005年清华大学、中科院生物物理所饶子和院士、孙飞等对猪心线粒体电子传递链复合物Ⅱ的三维结构解析获得成功（图6）。目前国际上对线粒体复合物Ⅳ、Ⅲ已先后解析成功，由于他们成功地解析了复合物Ⅱ，只剩下复合物Ⅰ的三维结构尚有待解决。

nature

www.naturejpn.com

Power plant

Structure of spinach light-harvester

Ancient climate
Recipe for a snowball Earth

The science of dieting
Hungry for facts

Prion infectivity
Testing the protein-only hypothesis

naturejobs anticancer drugs

图 5

▼图 6

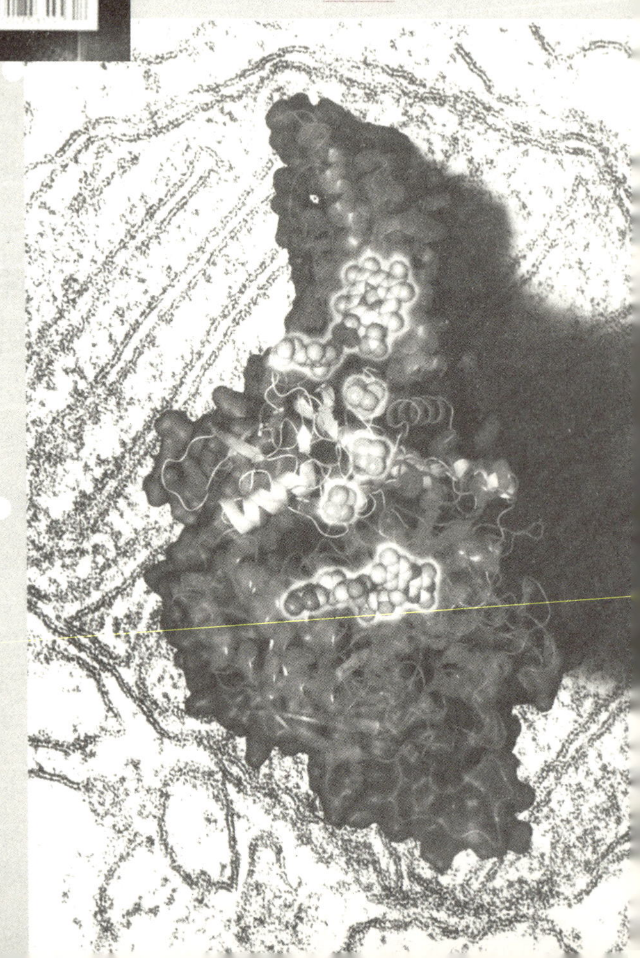

线粒体是细胞的能力站，有人将之比喻为细胞中的“锅炉房”，通过分解形成的很多小分子，在线粒体中进行氧化，逐步将能量释放出来并转化为能源物质——腺三磷(ATP)，整个过程称为“氧化磷酸化”。以葡萄糖为例，它通过氧化释放能量并合成ATP主要是在线粒体内膜电子传递过程中完成的。经过长期研究，科学家们认识到，氧化释放的能量并非直接转化合成ATP。它们先转化为跨膜质子(H^+)梯差形式，后者再通过线粒体内膜上复合物V—ATP合酶(或称H^+—ATP酶，F_1F_0—ATP酶)才最后合成ATP。这一假说是英国Mitchell提出来的，经过长期争论、验证才被大多数科学家所接受并使他获得1978年诺贝尔化学奖(图7)。

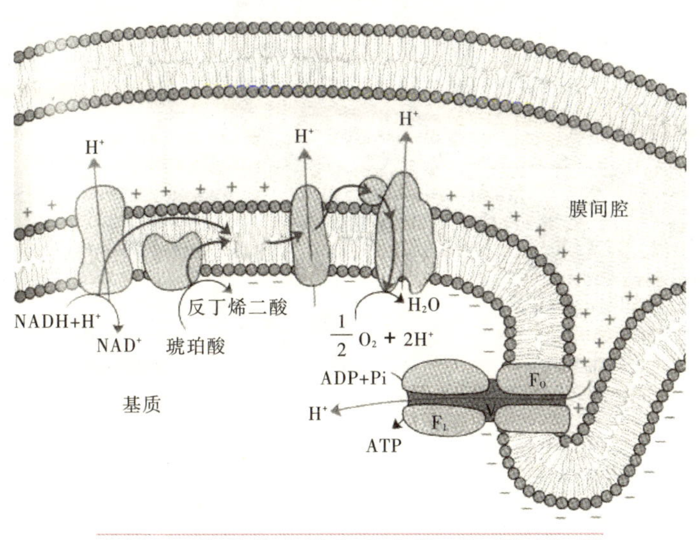

▲图7　线粒体内膜复合体Ⅰ，Ⅱ，Ⅲ，Ⅳ，Ⅴ

那么，跨膜质子梯差又是如何驱使ATP合酶合成ATP的呢？对此很多科学家作了大量的研究，提出各种假说。美国科学家Boyer于20世纪70年代提出，ATP合酶是一个多亚基组成的酶（图8），它由F_1和F_0两部分组成，后者嵌于线粒体内膜中，而F_1则是水溶性的，由α、β、γ、δ、ε五种亚基组成，其中三个β亚基具有催化功能。Boyer认为在ATP合成过程中三个β亚基的构象是不同的。它们交替发生变化，一种β亚基的构象与

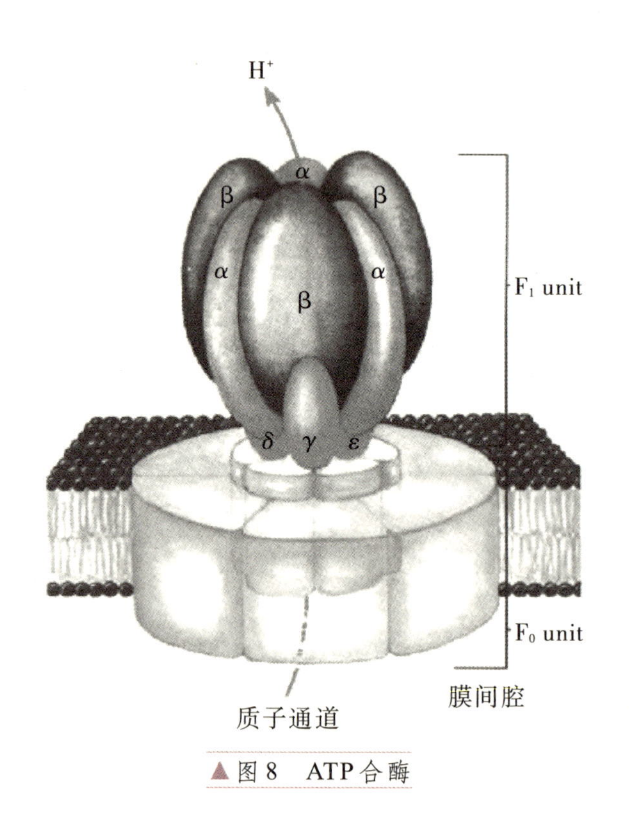

▲图8　ATP合酶

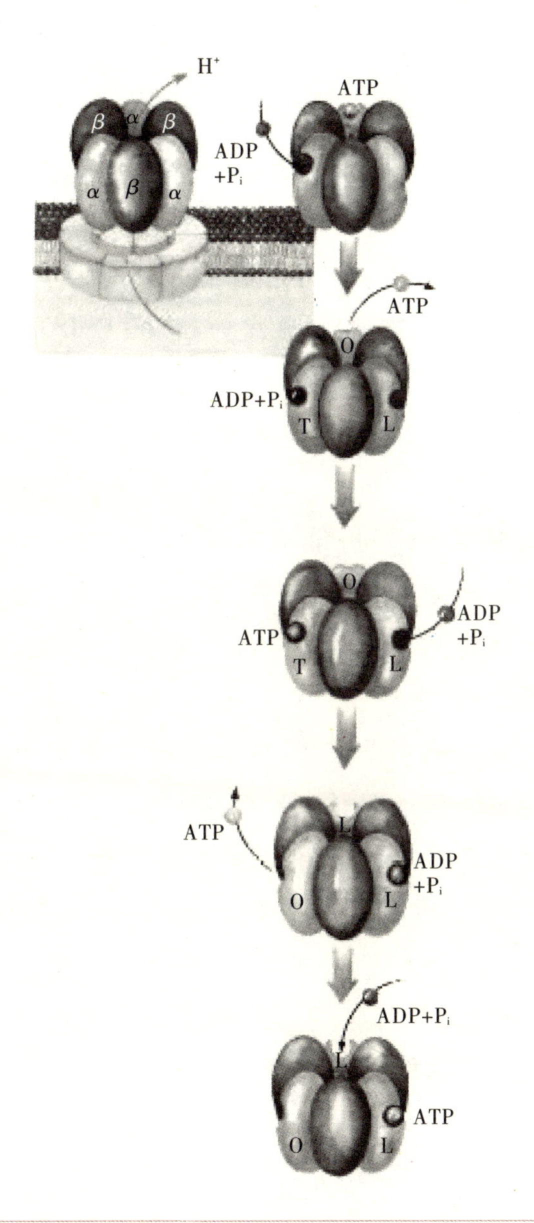

▲图9　在ATP合成过程中，三个亚基的构象交替发生变化

ADP + Pi 有较大结合能力，一种 β 亚基的构象有利于与 ATP 的结合，另一种 β 亚基的构象不利于与 ADP+Pi 或 ATP 的结合，这样通过三个 β 亚基构象的交替变化，使 ADP+Pi 与 ATP 合酶的 F_1 的 β 亚基经历结合、合成 ATP 以及随之释放下来，周而复始使 ADP+Pi 不断合成 ATP（图 9）。Boyer 的这一假说称为“构象变化假说”，又称“结合变化假说”。那么三种 β 亚基的构象怎么会发生交替变化呢？Boyer 认为这是 F_1 的另一种亚基转动所导致的结果。因此 Boyer 的假说也称旋转催化假说。至于驱动旋转的能源则可能来自跨线粒体内膜的质子梯差。质子流从 H^+ 浓度比较高的一侧通过 ATP 合酶的 F_0 和 F_1 流向 H^+ 浓度较低的一侧（见图 9）。要验证 Boyer 提出的假说，关键在于证明 ATP 合酶的 F_1 部分的三个 β 亚基的结构是否有差异。1994 年英国科学家 Walker 成功获得了线粒体 F_1 的晶体，解析结果表明三个 β 亚基的结构的确存在着差异（图 10）。这就有力地支持了 Boyer 提出的假说，从而使他们两人共同分享了 1997 年诺贝尔化学奖。Walker 在解析 F_1 的三维结构时还观察到 γ 亚基位于三个 β 亚基中间，这就为 γ 亚旋转驱动三个 β 亚基构象变化提供结构上的可能性。

1997 年日本科学家 Yoshida, Noji 等在 Nature 杂志发表论文，报道他们成功完成 ATP 合酶 α 、β 、γ 亚基在体外的重组，为了观察 ATP 水解时 γ 是否旋转，他们巧妙

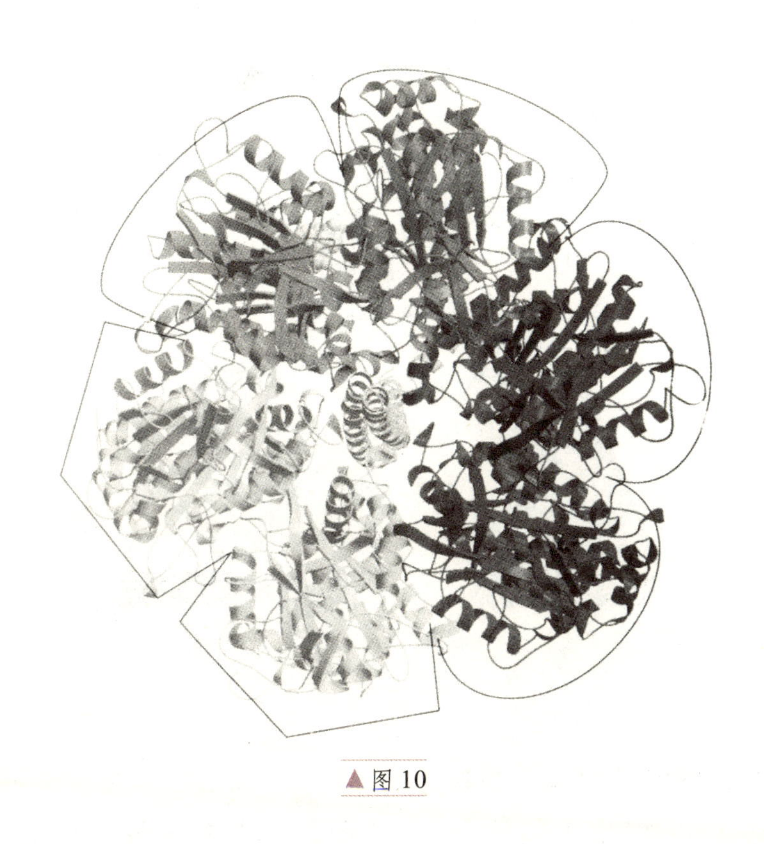

▲图 10

地在 γ 亚基连接上有荧光标记的肌动蛋白，通过荧光倒置显微镜观察并用快速微型摄像机记录可以生动地看到 γ 亚基的旋转情况，从而为支持 Boyer 假说提供了一个直观证明(图 11)。中科院生物物理所一个研究小组，用细菌 ATP 合酶的 α、β、γ 亚基在体外重组，在 ATP 水解条件下，也观察到带有荧光标记的肌动蛋白的 γ 亚基的旋转。ATP 合酶的 F_1 部分直径只有 9～10 纳米，这是迄今为止已知的最小分子转动马达，又称纳米马达。γ

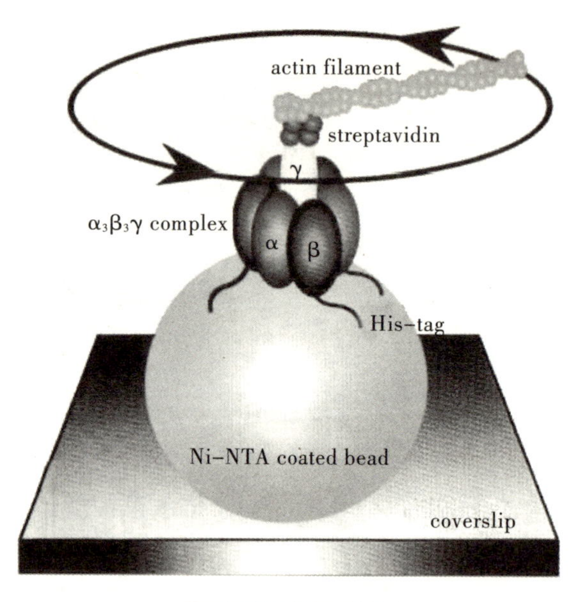

▲图 11　能量转换

亚基的转动速度是很快的，在人工组装条件下每秒钟可转 4～5 次，有人估计，在生理条件下，每秒钟可转 100 多次。此外，能量转换（ATP 水解释放的能量转换成 γ 亚基旋转所做的机械功）效率几乎接近 100%。因此 ATP 合酶的 F_1 是迄今为止，体积最小、转速最快、能量转换效率最高的分子旋转马达。

ATP 合酶由 F_1 和 F_0 两部分组成，在一定条件下，两者可以拆开（图 12）。经过研究，F_1 和 F_0 都是旋转马达。比较起来，对 F_0 的研究不及 F_1 那么深入。综合以上的研究结果，对线粒体内膜上所进行的氧化磷酸化过程可以

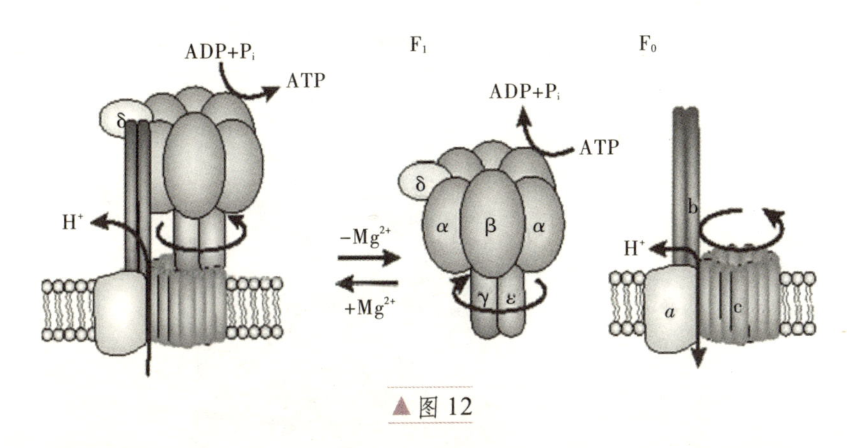

▲图 12

简单概括为:通过内膜电子传递链的电子传递所释放的能量首先转换为跨膜质子梯差,后者可驱动ATP合酶的F_0的c亚基转动并继而带动F_1的γ亚基转动,从而使3个β亚基构象发生交替变化来合成ATP。

大家知道,生物体内含有千千万万的细胞,细胞内又含有很多线粒体,以肝细胞为例,每一细胞内平均约含1000个线粒体,而线粒体内膜又含有为数众多的ATP合酶。它们不断地旋转来合成能源物质ATP以满足生物体种种活动的需要。有人估计,生物体每天所需的ATP量大体与其体重相等。假如你体重60千克,每天就需要合成60千克ATP以满足各种活动的需要。这主要依靠线粒体内膜这些分子旋转马达不断工作来提供。

对于ATP合酶的F_1作为分子旋转马达的研究也具有应用的前景,美国科学家研制出一种“纳米直升机”(图13),它是由F_1的部分亚基、金属推进器等组成的纳

▲图 13 “纳米直升机”

米机电装置，很可能这样的装置在医药方面会有重要的应用价值。对模拟、调节分子转动马达的有关研究也正在启动与进行中。

四、生物膜与医药的关系

首先谈谈艾滋病与生物膜。艾滋病是由艾滋病病毒分子通过细胞膜侵入到淋巴细胞内进行复制，导致免疫功能缺陷，图 14 中，A 图表示艾滋病病毒 HIV-1 正在

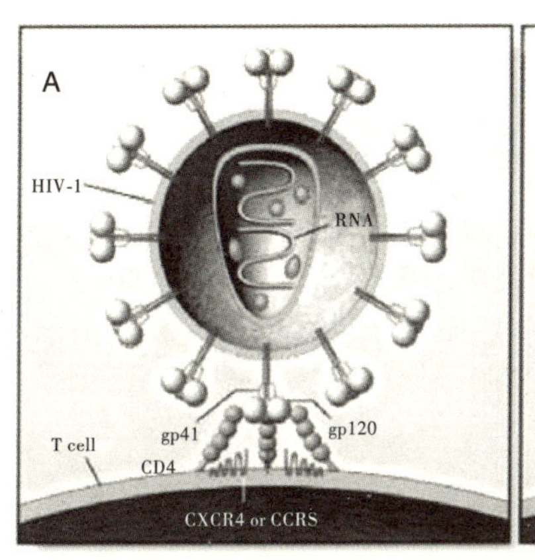

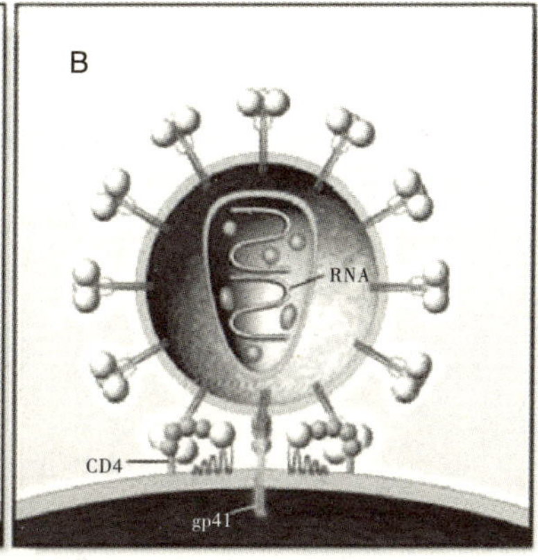

▲图 14

与被侵入细胞相结合，B图表示病毒已开始逐步进入细胞。这是一个复杂的过程，病毒分子通过细胞膜的过程有不少环节，分几个步骤，随着科学家们对这些问题逐步了解，就可以设计各种药物来阻止艾滋病病毒通过细胞膜进入淋巴细胞以达到防治艾滋病的目的。

糖尿病的治疗也与生物膜有关，大家知道胰岛素能降低糖尿病患者的血糖水平，它的作用机理大致如图15所示，当胰岛素与脂肪细胞或肌肉细胞的细胞膜上胰岛素受体结合后会产生系列反应，导致原来定位于细胞质中的葡萄糖运载体(GLUT 4)以囊泡形式运送至细胞膜，从而使血液中过多的葡萄糖通过这一运载体输入细胞内，结果使血糖水平得以降低。整个作用过程迄今为止尚未全部了解清楚。伴随研究的深入，人们就可望设计

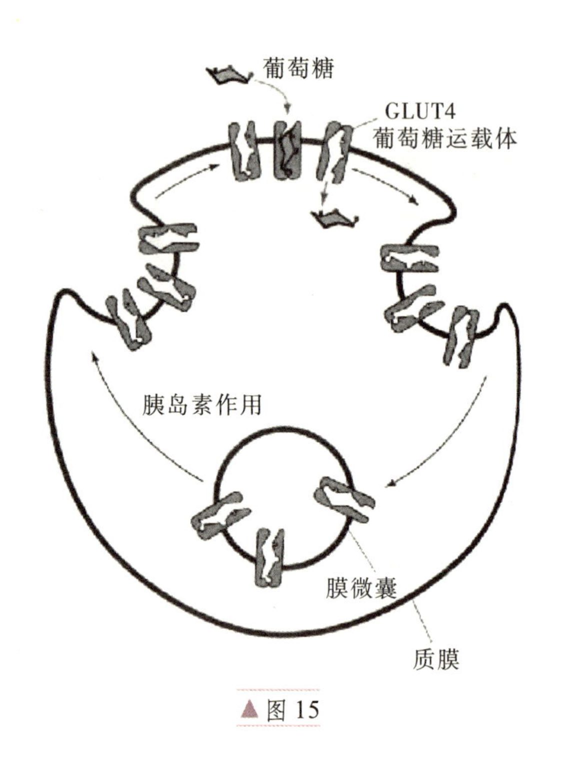

▲图 15

一些药物来提高胰岛素对糖尿病的疗效，甚至设计一些治疗糖尿病的新药。

全球变化与海岸海洋科学发展

王　颖

【作者简介】王颖，女，1935年生，汉族，中共党员，南京大学海洋研究中心主任、地学院院长、博士生导师、中科院院士。她将地貌学、沉积学与动力学相结合，应用现代技术研究海岸带陆海交互作用，探索海岸的形成与演变，研究海岸与大陆架整个海陆过渡带，致力于中国海洋地理学的建设。发表论文100多篇，出版专著14部，完成海港选址与海岸开发研究报告35项。她对渤海、黄海淤泥质海岸进行了广泛深入研究，提出了淤泥质海岸演化的动力过程与演变规律，在国内外产生了广泛的影响，被认为是当代研究潮

汐海岸的主要学者。由她作为第一著作人的《海岸地貌学》专著1998年获教育部科技进步二等奖，她的《中国海洋地理研究》专著1999年获教育部科学技术进步一等奖。2001年，加拿大Waterloo大学授予她环境科学荣誉博士称号。1984年，国家人事部授予她“有突出贡献的中青年专家”称号，1991年起享受国务院政府特殊津贴，2001年当选为中国科学院院士。

我们知道，海陆过渡带的表层系统作用过程、环境资源特性及发展变化规律，与人类生存发展关系密切。而全球气候与海平面自然变化、全球性的频繁的地震、火山构造活动及国际海洋权益的重新组合，促进海岸海洋科学的新发展。

一、海岸海洋科学的发展

海岸海洋是陆地与大洋相互过渡的地带，它是既区别于陆地，又有别于深海大洋的独立环境体系，受人类活动的影响密切，是研究水、岩、气、生圈层交互作用的最佳切入点。研究陆海过渡带的表层系统作用过程、环境资源特性及发展变化规律，以获求人类生存活动与之和谐相关等等，构成了海岸海洋科学的研究对象与任务。海岸海洋科学是基于地理学、地质学与海洋学相互交叉渗透所形成的新学科，具有自然、人文与技术科学相互交叉渗透的复合型科学特点。

联合国《21世纪议程》指出："海洋是生命支持系统的基本组成部分，也是一种有助于实现可持续发展的宝贵财富。"海岸海洋仅占地表面积的18%，其水体部分占全球海洋面积的8%，占整个海洋水体的0.5%，但它却拥有全球初级生产量的¼，提供90%的世界渔获量，为60%的世界人口的栖息地，目前全世界人口超过160万的大城市中约有2/3分布于海岸海洋地区。海岸海洋与人类生存关系密切。

海岸海洋是既有别于陆地，也有别于深海大洋的独立环境体系。水、岩石、大气、生物圈层在此“界面”相互作用、相互影响，成为物理、化学、生物与地质过程极为活跃的动态区，保存了丰富的海陆作用过程的信息。全球河流悬移质及其所吸附的元素与污染物的75%~90%被带到这一地区沉积，拥有全球50%以上的碳酸盐和80%的有机残体沉积，以及90%的沉积矿产。同时，作为人类最主要的居住区，海岸海洋地区人口密度极高，大城市林立，通过河流输移的人类活动产物的沉积速率相当于或超过自然产物的输送率，90%的陆源污染被排入海岸海洋地区。海岸海洋通过生态系统沉淀、吸附、固封等作用，减轻或消除了陆源污染对大洋的直接影响与危害。同时，活跃的动力、上升流与陆源物质的汇入为海洋生物提供了繁衍、生活环境，使之成为一个高生产力和生物多样性的体系，为人类提供了食物、药物、动能、空间、旅游等多种具有再生性与可补偿性的资源。

海岸海洋科学的兴盛与1994年正式生效的“联合国海洋法公约”密切相关，公约对沿海国主权的12海里领海、24海里毗连区、200海里专属经济区，以及大陆架是沿海国陆地领土自然延伸等方面作出了规定，使海洋权益及管辖范围发生了巨大变化，推动了沿海国对“海洋领土”的关注,全球涉及海洋划界的地方有370处。基于主权与资源开发的需要,海岸与大陆架浅海开始成为海洋科学领域的新热点,由此我们可以明确地认识到,海洋由两个主要环境组成:即海岸海洋与深洋。

海岸海洋(Coastal Ocean)的定义是1994年UNESCO政府间海洋委员会(IOC)在比利时列日大学召开的国际海岸海洋科技会议(1st COASTS of IOC)上正式提出的,会议明确了海岸海洋的范围包括海岸带、大陆架、大陆坡与大陆隆,含整个海陆过渡带(见图1)。会议正式出版的“The Sea”系列第10卷“Global Coastal Ocean”,成为国际海洋学界正式确定海岸海洋的里程碑。国际地理学家联合会(IGU)于1996年发表的“海洋地理宪章”,正式将全球海洋区分为Coastal Ocean(海岸海洋)与Deep Ocean(深海海洋)两部分。

20世纪初,经典文献将海岸定义为沿海滨分布的狭

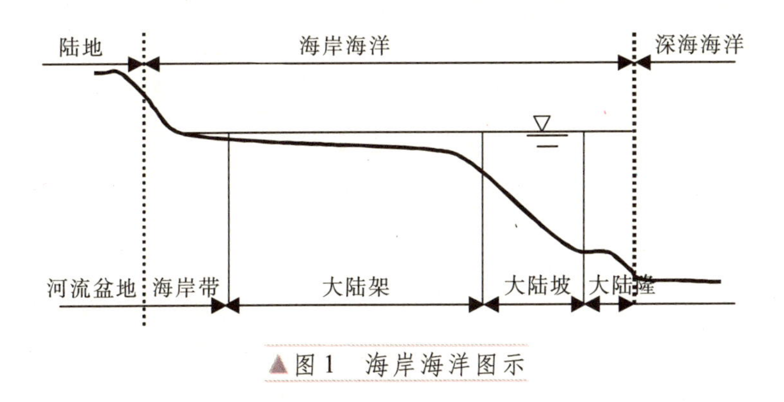

▲图1 海岸海洋图示

窄陆地;20世纪中期,海岸工程实践明确了现代海岸带包括沿海陆地及水下岸坡的“两栖地带”。其上界止于风暴潮,激浪作用于沿海陆地的上限,下界始于水深相当于⅓至½当地波长处;至20世纪90年代,形成了包括海岸带、大陆架、大陆坡及大陆隆,涵盖了整个海陆过渡带的海岸海洋(Coastal Ocean)。经历了20世纪两次科学认识上的飞跃,人们加深了对海岸海洋环境特点的认识与资源环境的利用,发展形成了具有交叉学科特点的应用基础型新学科。

海岸海洋研究方法具有外业工作的多学科综合性,它包括:陆上调查,浅海水、岩、气、生方面的观测,空中的同步监测,实验室多项分析及计算模拟;加上因时、因季节与因地观测,投入的人力与经费较大。但是,其科学成果严密,可以直接服务于生产建设与国家权益。

二、全球变化与海岸海洋科学研究

1. 全球变化是反映在气、水、岩石、生物圈的事件性变动,形成全球性的频发与持续效应,对人类生存环境影响深刻。气候变化、海平面变化与人类活动是与海岸海洋密切相关的全球变化研究课题。现在,大气与海平面环境监测及趋势性分析已取得重要进展。近两百年的验潮资料反映,海平面上升趋势与大气温度及海水温度增高趋势呈良好相关状态。长时期的地质记录反映出海平面、大气温度和海水温度三者间存在正相关（见图2）。近百年来水动型的海平面上升值为1～2mm/a，随着气温升高、海平面持续上升，到2100年，海平面可能上升1米（IPCC WG1，1990）。2000年以来，中高纬度地区气温增高明显，南极洲2001年的融冰期增长了3个星

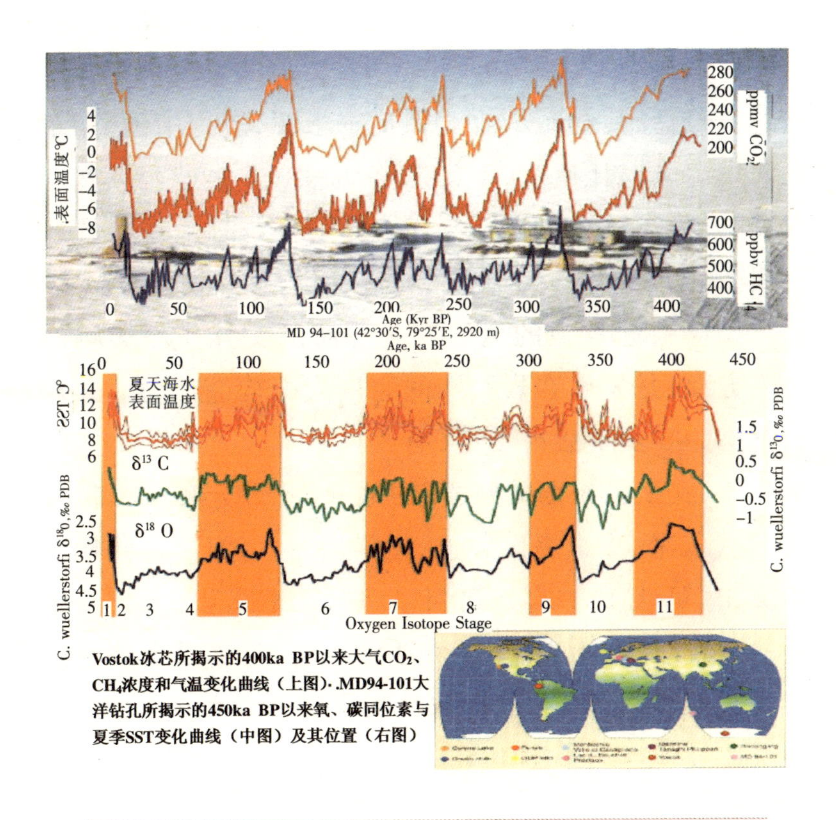

▲图2 海平面、大气温度和海水温度三者间正相关示意图（据PAGES EWSLETTER, 1999）

期，为近20年之最。随着海平面的持续上升，平原海岸与大河三角洲区面临着土地淹没与风暴潮频袭城市的危险。

海陆交互作用影响的另一例证是气温增升，内陆沙漠干热，沙尘暴活动频频侵袭东部沿海城市，甚至在长江以南的南京，春季形成昏霾的白昼。海水增温使北美太平洋沿岸鲑鱼减产，但是，中国内地的沙尘被漂移的西风带输送至北太平洋东岸降落，又为鲑鱼带来富含铁质的营养盐，使鲑鱼丰收。如追本求源，进行中国、加拿大两岸海陆对比研究，不仅能够加深对北半球西风盛行带迁移规律与效应的认识，而且是研究地球表层系统岩石圈、大气圈、水圈、生物圈相互作用的最好切入点。

2. 应引起重视的全球变化与海陆交互作用影响的另一方面，是发生在岩石圈的地震火山构造活动。在现在全球500多座活火山中，有370多座活火山沿太平洋岸分布，其余沿东西向“关闭的地中海”带分布。20世纪90年代以来，火山爆发频繁，逐年递增，以海岸海洋地区为突出(见表1)。自2000年太平洋“火圈”火山异常频繁地爆发以来，南太平洋、大西洋、墨西哥湾及大陆地区亦相继频繁爆发，形成全球性的火山构造活动，对地表系统造成了巨大影响。

表1　1995年至2002年9月30日全球火山活动情况
（据美国国家航空和宇宙航行局数据统计）

火山爆发		
年代	次数	位置
1995	54	4次位于太平洋地区(2次位于南太平洋)，1次位于印度洋地区
1996	10	9次位于太平洋地区(1次位于南太平洋)，1次位于大西洋地区
1997	14	13次位于太平洋地区(2次位于南太平洋),1次位于大西洋地区
1998	15	11次位于太平洋地区(4次位于南太平洋),2次位于大西洋地区,1次地中海,2次陆地(美洲、非洲)
1999	13	12次位于太平洋地区(2次位于南太平洋),1次位于大西洋地区
2000	50	33次位于太平洋地区(3次位于南太平洋),6次位于墨西哥湾,3次非洲(刚果、喀麦隆),1次地中海,3次印度洋,1次大西洋,3次南美洲
2001—2002.9.30	57	40次位于太平洋地区(8次位于南太平洋),4次位于墨西哥湾,2次印度洋,1次大西洋,1次大陆,1次墨西哥湾,3次非洲,2次地中海,3次南美洲

火山爆发的同时，地震活动也极为频繁。1990年以来，在全球范围内年年有大地震，2000年几乎每日发生地震，强地震亦引起火山爆发。地震频发在环太平洋构造带与东西向的“地中海”构造带，同时，地震活动还出现于南大洋地区，呈东西向的分布（见图3,4,5,6）。我国西部与台湾岛东部地震频频发生，正是全球构造活动变化的反映。

图3与图4的对比表明震级强度的转移。一次强地震爆发，能量释放以后震级变小，但同一构造带的另一处震级加强。这一现象可以为地震预报提供启示。

地震与火山活动释放着地球内部的能量，太平洋巨厚水层的压力、密度及温度变化聚集着很大的能量，这种能量与地球内部能量的结合，可能是大洋中能量较陆地更大的原因。强地震多发生在海岸海洋地带，或发生在子夜，或发生在月半大潮期间，可能反映着月球引潮

▼图3　全球地震分布图据(NEIS of USGS IRIS 监测,2000.9.18.)

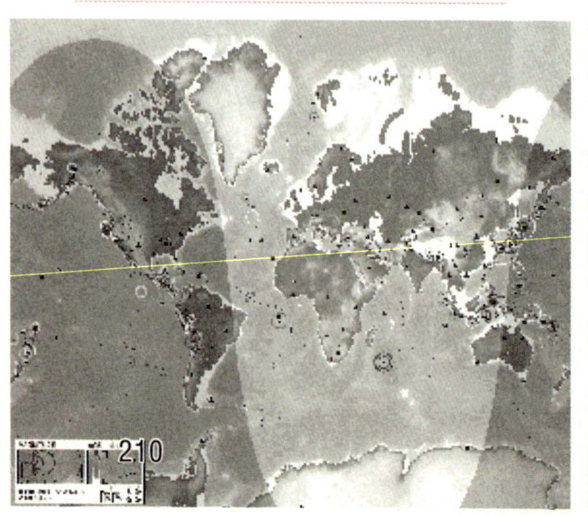

▼图4　全球地震分布图据(NEIS of USGS IRIS 监测,2001.4.5.)

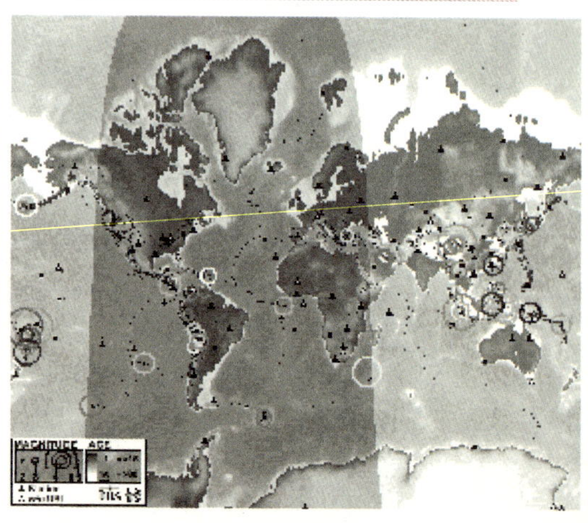

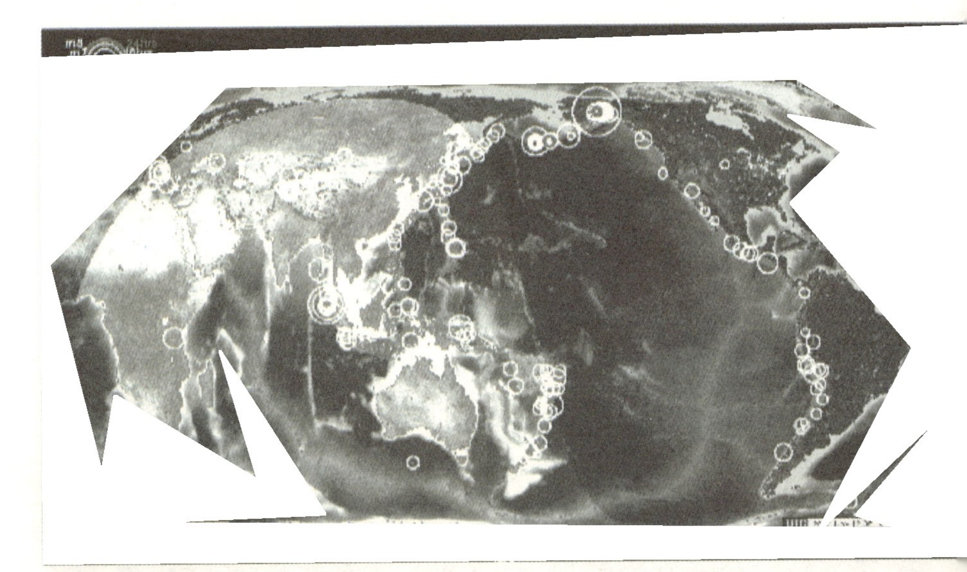

▲图5　全球地震分布图(据NEIS of USGS IRIS监测,2002年11月)

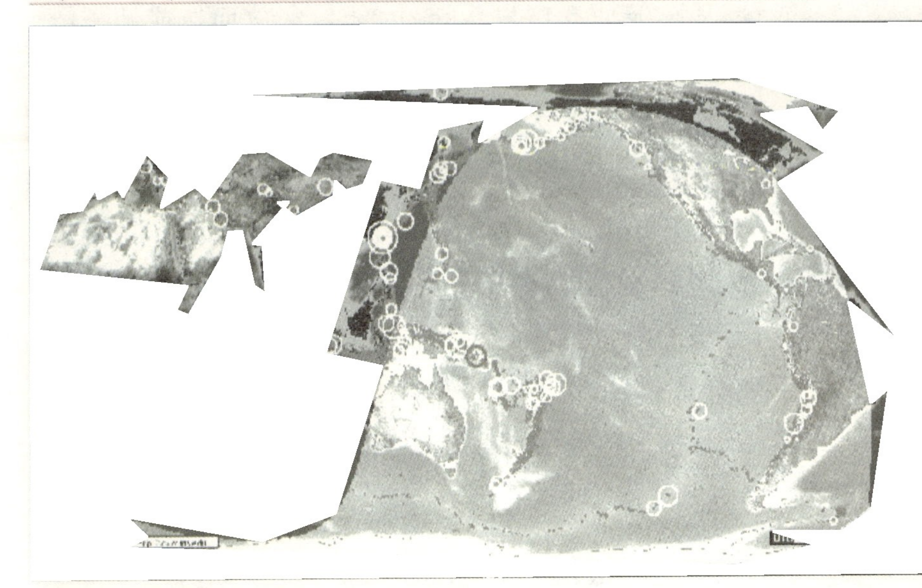

▲图6　全球地震分布图(据NEIS of USGS IRIS监测,2002年11月)

力对地震的激发或加快、帮助了地球内部能量的向外释放，或者白天太阳引力与陆地人类各种活动，削弱了月球引力，分散了部分地壳中所聚集的能量。归纳分析地震发生的时间，及地震带强度转移变化的规律，有助于我们找出防震减灾措施，可尝试人为地释放、控制或分散能量，削弱地震发生的强度。

强地震造成的环境灾害，以海岛地震为例：1999年9月21日1时47分12.6秒，台湾岛日月潭西南6.5千米处集集镇发生了里氏7.3级地震，震中位于23.85° N，120.78° E，震源深度7~10千米。这里系台湾西部山麓地带的系列逆断层，长期受吕宋岛弧推挤，积蓄了大量能量，从车笼埔断层发生错动，能量释放而造成地震(图7)。车笼埔断层东侧上盘上升2.2～4.5米，向NW及NNW方向水平滑移7.1米；下盘最大沉陷0.3米，向相反方向平移1.1米，最大水平地表加速度达1g，强震延时25秒，波及相距150千米的台北市，整个台湾岛均可感到地震活动[①]。地震造成以下现象：地表断裂、抬升形成断崖；河流中断，形成瀑布；山崩地塌，造成堰塞湖与滑塌；土壤液化，发生喷沙、喷泥与地层陷落等，伴随之造成对道路、桥梁、水利与交通设施、港湾设施、动力与工业设

① 台湾气象局地震测报中心第043号有感地震报告。王鑫，林俊全：九·二一台湾纪念地选址及地景登录之研究.1999—2000。

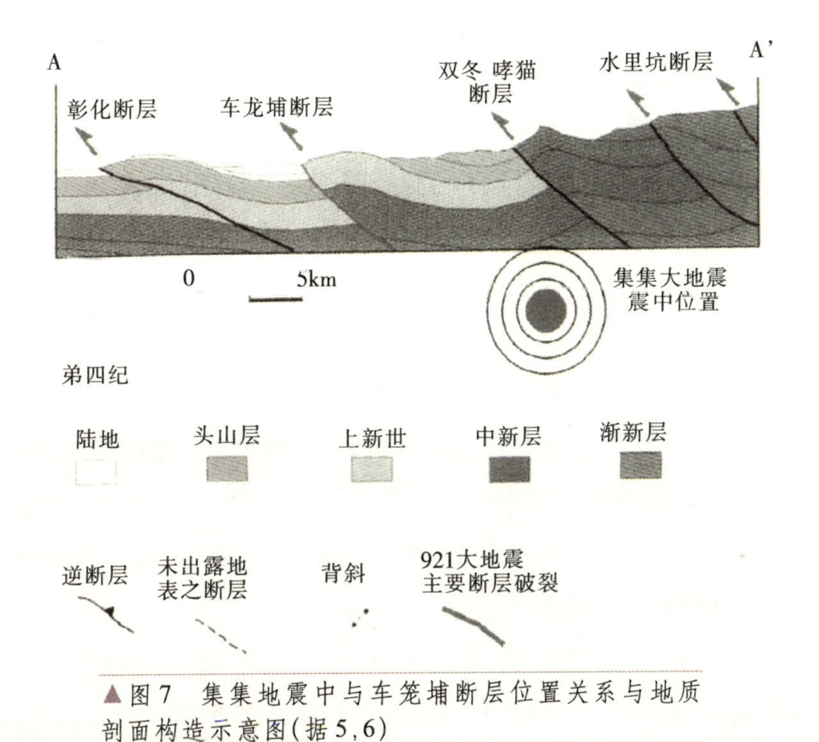

▲图7 集集地震中与车笼埔断层位置关系与地质剖面构造示意图(据5,6)

施以及建筑等的严重损害。居民房屋倒塌约2万幢,死亡人数超过2300人,伤者约8000人。自2002年3月至今,在中国台湾岛,地震频繁活动。

火山喷发与强地震活动一样,危害巨大,长时间影响人类大范围的生存环境。熔岩流温度高达500~1400℃,速度每小时可达数千米,所到之处燃树焚屋;炽热的火山灰沙沉降,掩埋田野、道路和建筑物;火山泥流灾害是由炽热的火山灰融化山顶积雪或促成局部暴雨所形成的。结果，沿坡而下的泥流袭夺堵塞河谷而又促使洪水暴发成灾，这类灾害更容易发生于水气充沛、交换活跃的海岸海洋地区；炽热的火山云，是炽热气体和细火山灰的混合物，温度高达1000℃。它沿火山向下运动时，速度可达100千米/小时，因此，其烧伤与窒息的危害大；火山喷发出大量有毒的或无毒的气体，主要成分是水气和二氧化碳，这两者是无毒的，但是，若在局部水域中积聚，使浓度增高（>50%），当气体温度变化或振动使这些无色无臭的气体再被释放时，便会使人窒息死亡；大量海水渗透到火山岛岩层内，与下伏岩浆相接触而形成水汽，当炽热的蒸汽积聚至相当数量后，可沿裂隙形成巨大的爆炸。

火山喷发活动会对地表环境产生一系列的地貌、气象与生态效应。如火山活动形成新的夏威夷火山岛链，形成崎岖不平的熔岩原野、台地和陡崖。夏威夷岛火山口形成马蹄形海湾，湾顶发育珊瑚礁，岛下的热点使利用360℃的地热蒸汽发电成为可能，以此提供岛上需求的电力能源。火山喷出的富硫气体进入大气层中则可形成酸性水滴云团，或遮蔽日光或降酸雨，亦造成历时长、范围广的气候变化效应。

热带海洋性气候条件下的火山岩风化形成富含矿物质的肥沃土壤原野，又为林木花草和飞禽走兽提供了良好的生活环境，形成了极富特色的热带海岸生态系与潜在的新型生物能源。

上述情况表明,无论是全球气温与海平面的变化,还是岩石圈构造活动的变化,均会对海陆交互作用的海岸海洋造成显著影响,影响到海陆环境变迁。灾害与人类的生存和健康发展,构成海岸海洋科学关注的重要内容。

三、沿海城市化发展与海岸海洋科学

城市化的过程是东部经济发展、进入世贸、全球化经济体系发展的必然结果,其发展势头迅猛,为海岸海洋科学提供了贡献智慧的新领域。伴随着我国经济的持续上升发展,东部沿海地区城镇发展迅速,适应了社会经济发展与人民生活水平提高的需求。城市化发展过程,以珠江三角洲城镇发展为先声。继深圳、珠海新市区的建设,广州市自2000年实施城市发展战略总体规划以来,在珠江滨水地区优化环境、建设新机场与大学城、建立现代化的会展中心、发展轻轨地铁及疏导老城区等方面,成效卓著,广州已展现出现代化大都市的新风貌。2003年,广州又在总结前三年成就的基础上,向海洋扩展,与珠江三角洲城市加强合作与共同繁荣;同一时期,浙江省完成了新杭州湾城市的发展规划,建设长江三角洲南部经济与生态环境和谐发展的城市群;山东省也在进行半岛城市群建设。

江、河、湖、海是水陆交互作用带，地理与生物种群结构复杂，物种变化活跃，生产力水平较高，适于人类聚居与城镇发展。河流与海洋在城市发展的早期既有舟楫之利，亦为防御的天然屏障。当代全球化经济体系的发展，更突出了滨海城市的重要性。

城市的发展规划应体现“以人为本”的原则，人居环境应具有清新的空气、明亮的阳光、清洁的淡水、安全的宅舍与宜人的风貌。同时需要有繁荣的商贸街市、便利的交通运输、咨询网络、文化历史内涵、科教医卫与宗教设施安全的保障、服务系统及有效的管理体系等，这些均涉及自然环境的特点与滨水水体的发展变化规律，需要充分考虑海岸海洋生态环境与城市发展规划的有机结合，人地关系和谐发展的思想应渗透贯穿于设计体系中。宋代张择端所绘的《清明上河图》展示了北宋临水都城的布局，突出了河流在城市建设中的功能。具有复合型特点的海岸海洋科学已经在并且将继续在21世纪中国城市化的发展中发挥积极的作用。

四、结　语

海岸海洋科学是在地理学、地质学与海洋科学相互交叉渗透的基础上发展形成的，富有科学活力，与人类生存活动所需的清洁淡水、新鲜空气、空间、动能、食物与医药源泉密切相关，是21世纪地学发展的重要支柱。我们应该从人才教育、科学研究及建设应用项目等方面，给予重视与支持。

▲近观冰川表面的水塘

▼科学家研究北极冰川

我国的海洋科学研究

苏纪兰

一、海洋科学与国家需求

二、海洋与全球气候变化

三、海洋环境与生态系统

四、近　海

五、海洋观测系统

【作者简介】苏纪兰,物理海洋学家。湖南攸县人。1957年毕业于台湾大学。1961年获美国弗吉尼亚理工学院硕士学位。1967年获美国加州大学柏克利分校博士学位。1991年当选为中国科学院学部委员(今称院士),1994年当选为第三世界科学院士,1999年当选为俄罗斯科学院外籍院士。现任国家海洋局第二海洋研究所荣誉所长、卫星海洋环境动力学国家重点实验室研究员。曾任国家海洋局第二海洋研究所所长、国家海洋局海洋动力过程与卫星海洋学开放实验室主任、国际海洋科学研究委员会(SCOR)执委

会成员，以及联合国政府间海洋学委员会(IOC)主席。

20世纪80年代起研究领域主要集中在近海海洋动力学及河口海洋动力学方面。着重研究了黑潮对中国近海环流的影响；曾主持为时七年的“中日黑潮合作调查研究”(中方首席科学家)。90年代起与国内渔业海洋学家共同推动中国的海洋生态动力学研究，曾共同主持国家自然科学重大基金“渤海生态系统动力学与生物资源的持续利用”。

本文拟就海洋科学与国家需求、海洋与全球气候、海洋环境生态系统、近海、海洋观测系统这五个方面的国际发展作简要的介绍，并对我国近年来在海洋与气候、海洋生态系统动力学、近海这三方面的海洋科学研究作简要有选择性的介绍。

一、海洋科学与国家需求

人类的生存和社会的发展，在许多方面都依赖于地球各生态系统所提供的产物(goods)和服务(services)。概括地说，生态系统的资源提供产物，如食物、纤维、药品、能源等，而生态系统的环境则提供各种各样的服务，如净化水质、解毒有害物质、循环调节温室气体及生源要素、缓和旱涝及土壤侵蚀等。环境可分物理和生化两部分，后者与生态系统关系密切。环境在影响着生态系统中生物群落的发展，实际上生物群落也一直对环境的演变起着重要作用，尤其是近数百年来人类活动所产生的作用。

海洋的生态系统为全世界提供了丰富的优良动物蛋白质，海洋渔业年产量约为1.2亿吨，提供全球约20%的动物蛋白质，其中90%来自近海，2003年我国消耗的来自海洋的动物蛋白质也大致达到该比例，其中来自近海的蛋白质比例更高。目前全球有过半数的人口集中生活在离海岸100千米以内的沿海地区,并且人口数量呈快速上升趋势,海滨旅游业也成为国民经济中发展最快的产业之一,80%的国际贸易也由海运承担。海岸带及近海的生态系统在为人类社会发展提供了巨大的产物和服务的同时,其本身也承载着巨大的压力,其资源状况与环境在不断恶化。

海洋科学在20世纪后半叶得到了迅速的发展。首先,海洋在地球系统中的关键地位日益为人们所重视,海洋对包括气候在内的全球环境变化起着至关重要的调节作用。1992年《里约热内卢宣言》认可了“可持续发展”的概念,并提出要把海岸带综合管理提上日程。随着海洋科学的进展,所谓“海岸带综合管理”目前已覆盖到所谓近海(我国对“Coastal Ocean”这个词的翻译至今尚未统一,从事物理、化学、生物等海洋学的往往译成“近海”,而从事地质海洋学的有的译成“近海”,也有的译成“海岸海洋”。本文用前者译法),即向外跨出到大陆坡外深海侧,甚至覆盖整个边缘海,如墨西哥湾、日本海、南海等。与我国有关的近海包括渤海、黄海、东海、南海及台湾以东黑潮流经的海域和琉球群岛以东琉球海流流经的海域。

鉴于海洋对人类生存和社会发展的重要性,世界各主要国家都十分重视海洋科学的研究。例如,2006年度美国自然科学基金的研究经费中,海洋科学的预算占地学的44%,其数额相当于物理与数学的30%。

二、海洋与全球气候变化

海洋面积占全球的71%,具有储存及交换热量、二氧化碳和其他活性气体的巨大能力,因此海洋对包括气候在内的全球环境变化有着至关重要的调节作用。大气、海洋和陆地的环境,三者对自然变异和人类活动的响应速率和规模有着明显的区别:大气环境的响应速率快、规模大,全球效应突出;陆地环境的响应则较缓,且局域效应明显;而海洋环境的响应速率和规模居于大气和陆地之间,但其具体表现则甚为复杂。此外,海洋生化环境与海洋生态系统密切相关,且海洋物理环境复杂易变,同时海洋与大气、陆地及海底还存在着活跃的物质与能量交换。

在气候系统中,海洋的热容量为大气的1000倍以上,海洋环流又赋予海洋可长期储存热量的能力,因此,海洋是驱动天气和气候变化的主要因素之一,认识大洋环流及其与大气的相互作用是"季节——年际——年代际"气候预报的基础。

年代际大气与海洋的环境变化往往反映在海洋生态系统的变化,这种环境与生态系统的相关变化一般称之为Regime Shift,在20世纪70年代中期太平洋曾有显著的Regime Shift表征，我国海洋学家也在我国黄海生物资源种群的波动上发现该事件。此外，我国海洋学家也就太平洋的年代际变化，进行了有意义的“热带—热带外”相互作用方面的研究等。

季风对我国的环境有重要的影响，认识季风变化的一个途径是通过对古季风变化的研究，其研究方法之一是从海洋沉积物中的矿物及生物留存体来探讨当时的气候及大地构造格局。我国科学家成功地申请到在南海进行大洋钻探，并于1999年实施，在气候的热带驱动及大洋碳循环长周期变化方面皆取得了突破性的成绩。如今南海与阿拉伯海一样，已成为国际上研究季风的两个热点海区。

三、海洋环境与生态系统

由于海洋的特殊物理性质，海洋生态系统与陆地生态系统大不相同。海洋的初级生产主要由1~100微米的浮游植物完成，次级生产则主要由0.1~10毫米的浮游动物完成（见图1）。这两组生物群的各自最小端群体再加上原生动物构成所谓的微食物环，在海洋生态系统的能量流动和物质循环中起着重要的作用。因此，海洋的锋面、跃层、中尺度涡等海洋物理过程以及与悬浮颗粒物和沉积物密切相关的生物地球化学循环皆是影响海洋

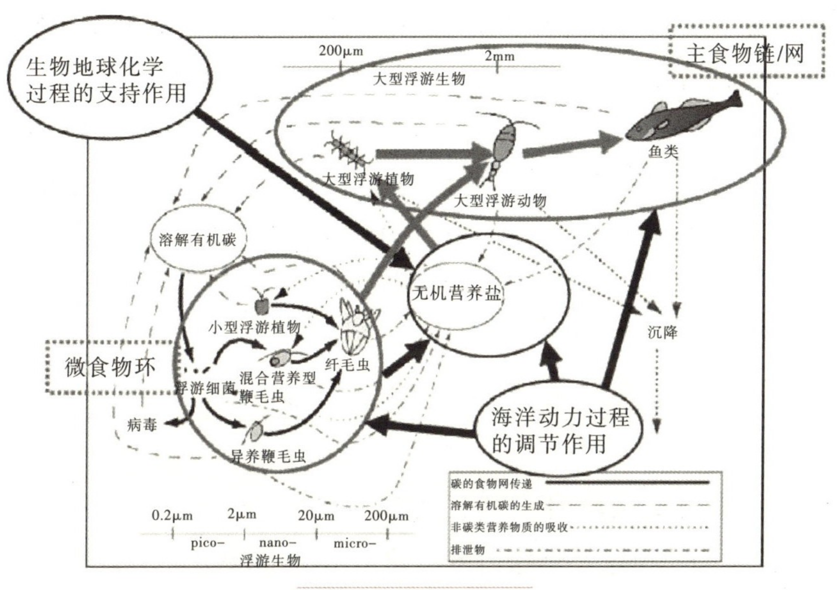

▲图1　洋生态系统

生态系统的结构及其变化的关键过程。海洋生态系统远比陆地生态系统复杂,稳定性也远比陆地低,因此海洋生态系统的研究难度也远远大于陆地生态系统。

近10年来我国在海洋生态系统动力学方面开展了许多研究,取得不少卓越的认识:如中华对虾资源量锐减的原因,除过度捕捞外,河流污染及上游截流导致仔幼虾栖息地受到破坏也是重要因素;另一个是和黑潮有关,由于黑潮为黄东海陆架海域提供重要的生源要素来源,因此黑潮入侵陆架的年际变化对生态系统有重要的影响等。

再比如对有害藻华的研究。有害藻华(又称赤潮)

的爆发是近20年来全球所关注的近海生态异常问题。我国长江口至浙江沿岸一带近年来频发大规模的有害藻华,面积常达数千平方公里。研究表明其孕育过程与台湾暖流密切相关,而爆发过程与沿海水体的高营养化有直接联系。研究还发现有害藻华的有毒种类有增加趋势。

四、近　海

近海对人类社会的发展至关重要:近海仅拥有海洋面积的8%,但占全球海洋25%以上的初级生产力;大部分的海洋捕捞鱼类的生活史都曾在近海度过,而近海渔获量(包括河口区)占全世界总量的90%;旅游业是全球利润最高的产业,其中沿海旅游发展最快;海洋油气生产主要来自近海;近海也容纳了90%的陆源污染物(污水、营养盐、有害物质等)。此外,近海还是国家安全的重要门户。近海对人类的发展带来如此大的影响,可近海的环境和生态系统却正经历着快速恶化和面临着极大压力。

20世纪90年代起,国际上海洋学的研究重点逐渐从“偏向开阔大洋”转为“开阔大洋与近海同时并重”,例如,推动海洋学前沿研究的权威国际组织“国际海洋科学研究委员会”(Scientific Committee on Oceanic Research, SCOR),自1990年以来其工作组组成的演变就体现了这一趋势。

在我国,对渤海、黄海、东海的研究也一向较为关注,近15年来对南海也开始重视,取得了不少的新认识:如南海环流的季节性特征与季风密切有关;南海具有中尺度涡多的特点,其中反气旋式较多,非厄尔尼诺年的夏季在越南外海常存在一对气旋式涡与反气旋式涡,这些中尺度涡的形成多数与受沿海山岭作用的季风场有关;南海为太平洋—印度洋热带暖池的一部分,但南海北侧陆架的作用削弱了局地暖池的强度等。

五、海洋观测系统

无论是科学上对海洋环境、海洋生态系统及气候系统的认识,还是社会经济上对诸如在近海的养殖和捕捞、海底矿产资源的开发、海洋减灾防灾、海上航行与作业保障、海上军事活动安全保障、中长期天气气候预测等的应用,都对海洋观测提出了越来越高的要求,希望能通过增强获取海洋数据的能力,加大数据的覆盖空间范围和采集频率及持续时间,来满足国家发展和安全的需要。

"联合国政府间海洋学委员会"(Intergovernmental Oceanographic Commission, IOC)所推动的全球海洋观测

系统(Global Ocean Observing System, GOOS)具备开阔大洋和近海两个模块,前者主要为气候及全球变化提供数据,后者则主要为海洋的可持续发展提供依据。

卫星遥感是进行海洋观测的一种手段。虽然卫星遥感提供了对海洋表层的大面积观测能力,但对如海洋内部的观测、高频率的取样观测、一些观测设备(系泊、漂流、自制、自治等类型观测平台)的投放与回收等,均需依赖于海洋科学考察船。相比陆上,海洋观测费用高昂,除了海洋条件恶劣,主要还是因为陆地观测所需的交通、住宿、副食供应等皆由社会提供,而海上观测的这些后勤需求只能依靠运行费用高昂的考察船来提供导致。

最后要说的是,我国的海洋观测能力现在尚偏弱,海洋数据的共享问题尚未妥善解决,海洋科学考察船“公管共用”的体制也尚未建立,这些都制约着我国海洋科学的发展,亟待早日解决。

编辑说明

这套书中的个别报告曾经在其他场合讲过，或曾经在其他刊物发表，为了保持报告完整性并加以更广泛的科普宣传，仍将其收入书中。为了统一风格，所附参考文献不再列出，敬请谅解。

书中所配插图主要系编辑所加，其中大部分取得了版权所有者的授权。由于时间紧急，个别图片尚未联系到版权人，敬请图片作者与北京大学出版社联系。联系电话(010)62767857。